Classic Beauty

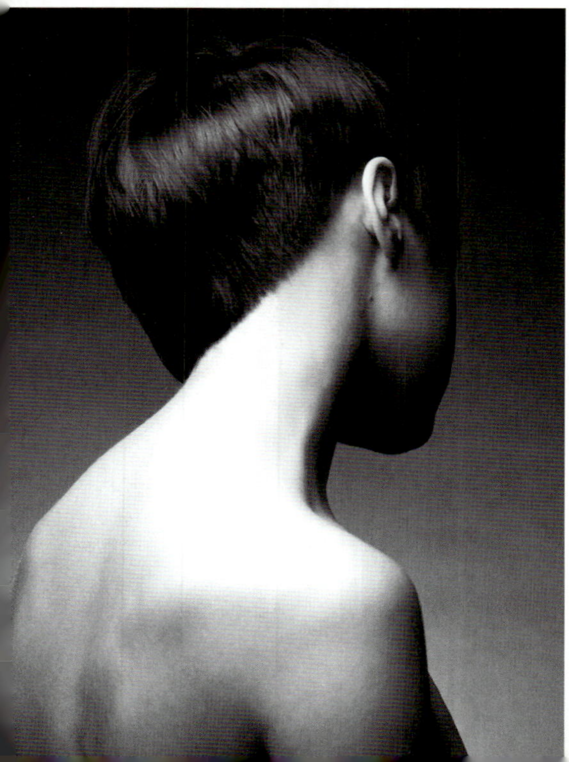

Gabriela Hernandez

Classic Beauty

The History of Make-up

뷰티 & 화장문화사

역자 정연자

도서출판 예림

역자약력

정 연 자

- 건국대학교 대학원 의상학 석사 졸업
- 건국대학교 일반대학원 이학 박사 졸업
- 현) 한국인체미용예술학회 회장
- 현) 건국대학교 뷰티디자인과 교수

CLASSIC BEAUTY: THE HISTORY OF MAKEUP

by Gabriela Hernandez

편저자: 정 연 자
발　행: 2017년 03월 01일
발행처: 도서출판 예림
발행인: 석 종 환
편　집: 하 혜 진
등록번호: 제 1-2685호
ISBN: 978-89-6475-136-7
주　소: 서울시 광진구 아차산로 78길 170(광장동) 한강빌딩 207호
전　화: (02)921-6045
팩　스: (02)921-4524
http: //www.yelimbook.com

정 가 : 35,000원

경고문 Disclaimers

이 책은 역사를 통해 아름다움을 보여주고, 메이크업 스타일을 10년 주기로 분석하여 관련 배경정보와 함께 다양한 관점을 보여주고 있다. 여러 가지 색과 테크닉들은 정기 간행물, 역사책, 그리고 실제 상품의 샘플에서 수집되었다. 정확한 색과 표현기법을 위해 최선을 다했으며 일부 정보는 그 당시 보존된 정보가 부족할 경우 근접하게 서술했다. 실제 샘플에서 수집된 색상의 일부는 색이 바래 약간 변하기도 했다. 또한 유사색상들에 대한 해석은 그 정보의 출처에 따라 달라지기도 했다.

이 책에 묘사된 스타일을 시도해 볼 때에는 주의가 필요하다. 대부분의 스타일은 눈썹이나 입술 등 특정한 얼굴 부위를 강조한다. 따라서 본인이 의도한 것보다 더 과장된 모습이 되지 않기 위해서는 가벼운 터치를 사용해야 한다. 또한 많은 사진들은 눈썹이나 얼굴부위의 털들을 과도하게 뽑은 모습을 담고 있다. 눈썹은 뽑거나 면도를 할 경우 반드시 다시 자라나는 것은 아니라는 것을 명심해야 한다. 밝고 어두운 화장품이나 왁스를 고무풀과 함께 사용해서 얼굴에 영구적인 변화를 일으키지 않으면서도 원하는 효과를 얻어야 한다.

이 책에 나오는 시대적 화장품 재료들은 해롭거나 유독할 수도 있다. 만약 당신이 이 재료들을 사거나 레시피대로 직접 화장품을 만들고 싶다면 위험은 스스로 감수해야 한다. 그래도 혹시 유해성이 있을 수 있는 화장품들은 사용 전에 반드시 조사해보기 바란다. 만약 피부에 자극이 일어난다면 그 성분의 사용은 즉시 멈춰야 한다.

To my love and partner, fergus, for his support and optimism.
Laugh and the world laughs with you.

나의 사랑이자 파트너인 퍼거스에게, 그의 지원과 낙천적인 모습에 감사하며
웃어라. 그러면 온 세상이 너와 함께 웃을 것이다.

목차 contents

감사의 말 Acknowledgments

이 책을 제작하는데 도움을 준 Joyce Ikemi, Marvin G. Westmore, Sharon Day, Donelle Dadigan, Atsuko Watanabe, 그리고 Austin McCormick 에게 감사의 말을 전하고 싶다.
그리고, 메이크업 아티스트와 헤어 스타일리스트 협회인 Local 706의 컬렉션과 자료들을 출판할 수 있게 허락해 준 Susan Cabral Ebert 회장님께 특별히 감사의 마음을 전한다.

개요 Introduction

아름다움이란 주관적인 것이다. 이 흔한 문장은 책을 쓰기 위해 화장품의 기원을 찾는 과정에서 각 개인들이 정의한 신체적 아름다움의 차원을 넘어선 표현이라는 것을 발견했다. 수 세기동안 예술가들은 그들이 생각하는 아름다움을 그림, 조각, 글로 특정화 했다. 특정 스타일은 인기를 끌고, 더욱 낭만적으로 묘사되고 찬미되면서 이상적인 미의 기준으로 숭배되며 모방의 대상이 되었다. 화장품이 발전함에 따라, 여성들은 예술품과 대중 매체에 나오는 아름다운 여성들을 모방했고, 화장품 보조기구들은 여성들에게 가능한 한 최고의 아름다움을 누릴 수 있는 기회를 저공했다. 그들이 주장한 미의 기준은 매 시대마다 달라졌기 때문에, 미의 정의도 계속 변해 왔고 앞으로도 계속 변할 것이다.

이 책은 화장의 트렌드와 스타일의 풍부한 역사에 관한 원대한 여정을 담고 있다. 각 본문은 각 시대의 정치적, 사회적 풍토를 비춰주며, 이러한 환경들이 그 시대가 수용한 미의식을 구성하는 데 어떤 중요한 역할을 했는지 이야기 하고 있다. 특정 시대를 설명하는 장에서는 얼굴의 미(美) 기준의 변화, 그 시대의 걸출한 뷰티 아이콘 사진, 미의 실체, 역사적인 사건, 참고 문헌, 컬러 팔레트 그리고, 그 시대 화장 순서의 실례를 개략적으로 설명한다. 제품개발 연대표는 눈, 입술, 얼굴에 관련된 화장품의 기원과 발명을 보여준다.

페이지를 넘기면서 여러 시대에 걸친 고전적 아름다움에 관한 다양하고 상세한 트렌드와 스타일의 역사적인 여행을 시작해 보도록 하자.

2017년 3월 봄이 시작되며...

Historical TIMELINE 시대적 타임라인

기원전 33,000년 ~ 서기 330년

기원전 33,000년

오커(ochre)[1]와 같은 무기안료를 지방과 섞어서 자외선 방지 크림이나 극한의 날씨로부터 몸을 방어하는 보호제로 사용하였다. 암각화들은 장식용으로 선과 점으로 꾸민 인물들을 보여준다. 원주민 문화에서는 종교 의례에서 춤을 출 때 몸에 그림을 그리기도 했다.

기원전 25,000년

비너스 동상(venus statues)은 건강한 아이를 출산하기 위한 풍만한 몸의 여성이 이상적 여성상이었음을 시사한다.

기원전 15,000년

이산화망간(manganese dioxides)과 같은 색소는 동굴 벽화나 바디 페인팅, 또는 가죽이나 나무를 물들일 때 사용되었다. 색상에는 검정, 노랑, 빨강, 황토색이 속한다.

기원전 5000년

검은색 방연석(galena)과 녹색 공작석(malachite)으로 표현된 눈그림은 이집트에서 가장 흔하게 사용된 화장품이다.

기원전 4500년

일본인들은 아름다움을 위해 치아를 뽑거나 갈아 다듬는 의식을 거행했다.

기원전 3000년

정교하게 장식된 면도칼과 족집게는 치장하는 의식을 위해서 사용되었다.

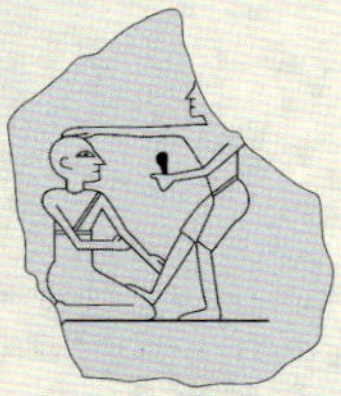

기원전 2500년

눈, 입술, 볼연지의 색소들로 채워진 새조개의 조가비들은 소유자들과 같이 매장 되었다. 구리화합물로 녹색과 파랑 색소를 만들었다. 산화철로 빨강 색조를 만들었다. 동물의 뼈를 태워 하얀색 색조를 만들었고 이를 다른 색들과 섞어 밝게 만들었다.

기원전 2000년

메소포타미아에서는 허브를 첨가한 오일과 연고는 목욕을 하거나 몸을 관리할 때 흔히 사용하였다.

기원전 1550

크레타에서 그리스 여성들은 헤어를 정교하게 꾸미고 입술에 루즈를 발랐다.

폼페이에서 발견된 화장품류, 청동 빗, 금과 상아로 만들어진 머리 핀들.

[사진] 타이탄족 코이오스(Coeus)와 달의 신 포이베(Phoebe)의 딸인 라토나의 상

[사진] 네로가 새겨진 동전

19세기에 조지 에버스(Georg Ebers)가 발견한 에버스 파피루스는 110페이지로 이루어진 이집트 의학 문서이다. 이 문서는 700개의 화학식과 치료법으로 구성되어 있으며, 이 처방전들은 대부분의 질병을 치료하는 마법과 과학으로 구성되어 있다.

기원전 550년

지금의 이란 지역에 있었던 페르시아인은 이집트에서 화장품을 수입해 자유롭게 사용했다. 보석, 향수, 다양한 목욕 용품의 사용은 그들이 사치스러움에 빠져있었음을 보여준다.

기원전 400년

그리스 꽃병에 그려져 있는 몸단장을 하는 젊은 여성들은 당시 여성들이 모방해야 할 이상향을 보여주고 있다. 픽시드(pyxides)라고 불리던 상자에는 붉은 알카나(alkanet)[2] 염료로 만들어진 입술연지, 백납, 뿔고둥, 단사(vermillion)[3]로 만든 파우더, 그리고 눈 화장용 콜(kohl)[4]등의 화장품을 포함했다.

기원전 100년

그리스는 화장품을 금지해 발전을 하지 못했으며 남자다움이 유행했다. 남자들은 오일과 향수를 공중목욕탕에서 사용했다. 매춘부들은 피부를 희게 만들기 위해 백분을 사용하였다.

서기 54년

로마황제 네로(Nero)의 아내 포패아(Poppaea)는 백납과 백악을 이용하여 안색을 밝게 만들었으며, 속눈썹과 쌍꺼풀에 이집트산 콜(kohl)[5]을 사용하였고 약간의 밀가루와 버터는 여드름치료용으로, 부석은 치아의 화이트닝용으로 사용했다.

서기 330년

로마 제국이 무너진 후에 세워진 비잔틴 제국(Byzantine Empire)은 사치품들을 위해 무역을 유지했다.

기원전 1450년

향수를 담은 유리병이 시신과 함께 매장되었다. 돌로 만든 화장용 팔레트에 담긴 녹색 공작석이나 검은색 방연석 가루를 물이나 기름과 섞어 손가락이나 목재기구로 찍어 사용되었다.

기원전 900년

아시리아인은 구불거리는 수염이나 헤어스타일을 위해 정교한 화장품을 사용했다. 밀랍이나 올리브 오일이 함유된 향기로운 헤어 제품들로 머리를 고정시키기도 했다.

기원전 129년

로마인들은 문명화 된 세계를 통치했다. 그들의 부는 세계무역으로 이어졌고 이는 미용 개선제의 새로운 발견과 밝은 색 모발을 강조하는 단계로 이끌었다. 모발은 독일에서 수입된 비누를 이용하여 붉은색이나 금발로 염색했고 가발은 독일인의 모발로 만든 가발을 사용했다. 주황색은 블러셔로 이용되었고, 백색의 파우더(석회 가루)는 더 하얀 피부를 만들기 위해 사용되었다.

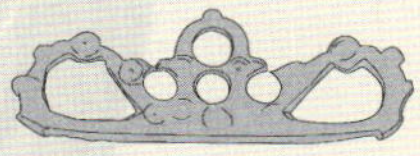

[사진] 고대 로마 면도칼

기원전 20년

모발은 적갈색 염료인 헤나로 염색하고, 잿물로 탈색해서 빨간색 또는 금발로 만들었다. 초기의 교부들은 화장하는 것에 반대했다.

서기 100년

인도의 카마수트라(The Kama Sutra)는 여성에게 문신하는 방법, 치아, 의복, 헤어, 네일과 몸을 채색하는 방법에 대해 알려준다.

[사진] 라토나의 상

1) 페인트 · 그림물감의 원료로 쓰이는 황토
2) 알카나(의 건조 뿌리): 알카나 착색료(분홍색).
3) 선명한 빨간 주황. 황화수은을 주성분으로 하여 인류가 만든 최초의 적색 화합물 안료
4), 5) 동양 일부 국가에서 여성들이 화장용으로 눈가에 바르는 검은 가루

화장의 기원 The origins of cosmetics

대부분 원시시대 부터 얼굴에 색을 사용하는 것은 의례적이었다. 얼굴에 색을 칠하는 것은 아름다움을 추구하기보다는 사악한 존재와 악령으로부터 얼굴을 가리기 위한 목적이었다. 원시인들은 미지의 것들에 대한 두려움 속에서 살았고, 주변에 있는 모든 것들은 적대적이라고 믿었다. 그들은 얼굴에 색을 입혀 무섭게 보이게 하거나 알아볼 수 없도록 위장해서 적으로부터 자신을 보호하고자 했다. 마을의 보호구역 안에서 지내는 여인들은 얼굴에 색을 칠하지 않았다.

기원전 33,000년경부터는 얼굴에 색을 칠하는 용도가 시간이 갈수록 개인 치장이나 피부 보호의 용도로 발전했다. 가장 초기에 사용된 색소는 산화 무기물을 함유한 오커 파우더와 탄소 물질의 연기에서 모은 검댕으로 만든 검정색이었다. 이 색소와 동물 지방의 혼합물은 강렬한 태양과 혹독한 겨울바람을 효과적으로 막아주었다. 고대의 암벽화에서 독특한 줄무늬와 점들로 장식된 전형적인 인물들을 볼 수 있다. 이러한 디자인들은 사냥이나 중요한 일이 있기 전에 행하는 의식에서 춤을 출 때 몸 장식으로 이용되었다. 이러한 고대 사람들의 얼굴화장은 의식의 목적뿐만 아니라 점차 일상화되어 늘 하는 일로 변했을 것이라는 이론이 제기되고 있다.

색소물감은 기원전 15,000년경 프랑스의 라스코동굴에서 발견되었다. 그 중에는 이후에 이집트인들이 미용의 용도로 사용한 진하고 검은 색상의 이산화망간(manganese oxide)도 있다. 초창기 색소물감은 지속성 있는 선명한 검정, 노랑, 빨강 세 가지 색상으로 나뉜다. 선사시대 무덤에서는 사후세계를 준비하기 위해 토양 성분의 산화철인 붉은 오커색을 사용한 흔적을 볼 수 있다. 이러한 붉은 색소물감은 가죽, 뼈 그리고 나무에 사용되는 염료로 귀하게 여겼다. 장신구로 사용된 구슬이나 조개껍데기와 함께 향기로운 향신료도 시신과 같이 매장되었다.

기원전 25,000년부터 기원전 15,000년까지는 풍만한 비너스 조각품처럼 건장하고 체격이 큰 여성이 고대인들 사이에서 높이 평가되었는데 이러한 평가는 건강한 아이의 출산과 관련되었다. 이런 고대의 조각품들은 화려한 헤어스타일, 목걸이, 장신구들을 과시한다.

5,300년 된 티롤인의 유적에서는 피부에 영구적인 무늬를 만들기 위해 침술과 문신 기술을 사용했음이 드러났다.

선사시대 말기에는 무덤 안에서 부패되는 시신의 악취를 가리기 위해, 향기로운 나무껍질, 씨앗, 허브 등을 돌 접시에서 태우는 풍속이 있었던 것으로 보인다.

빌렌도르프의 비너스(Venus of willendorf),
선사시대의 나상, 기원전
30,000년~기원전 25,000년

옆 페이지:
분쇄한 미네랄로 만든 색소들
천연의 붉은 황토 돌담

청동기 시대에는 면도기와 족집게를 몸단장에 사용하였다. 이러한 도구들은 종종 항해하는 선박이나 태양의 이미지로 장식되었다. 이와같은 아이템(상품) 생산은 세계무역을 촉진시킴과 동시에 패션과 스타일의 아이디어 트렌드에 방향성을 제시했다. 그러나 지역 간 이동이 어렵고, 많은 무리들이 고립된 지역에서 살았기 때문에 이 과정은 느리게 진행되었다.

거울이나 장식품들이 발견된 유적에서 볼 수 있듯이 역사적으로 어느 시대나 외모에 대한 집착이 항상 존재했음을 알 수 있다.

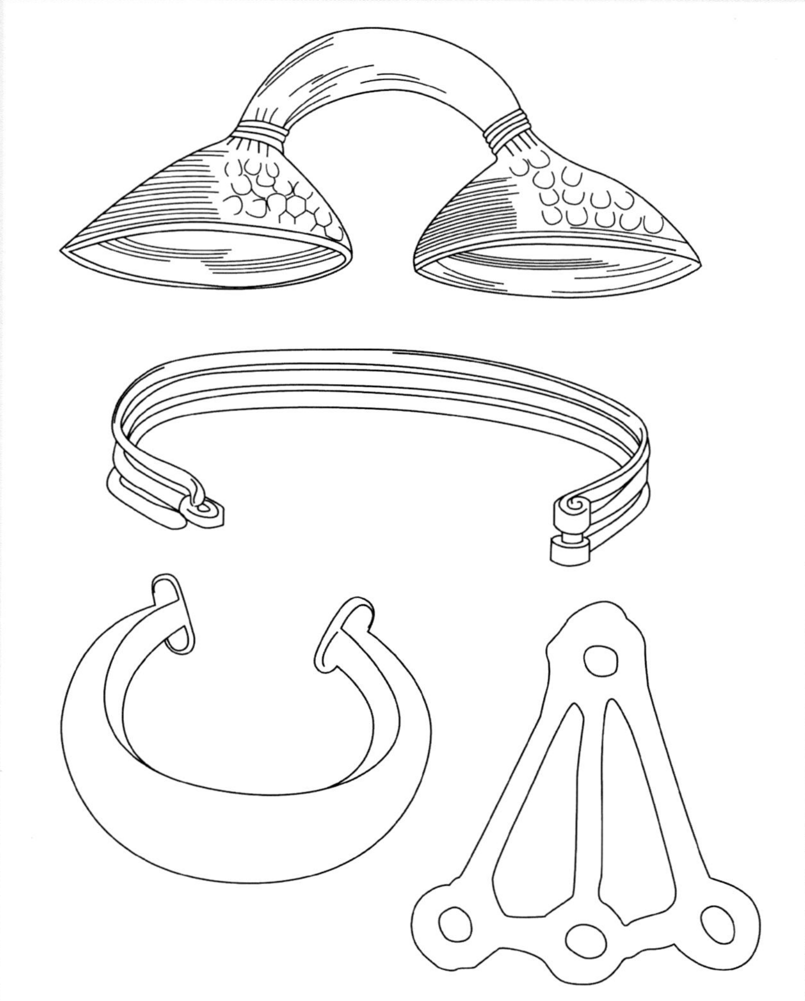

금과 청동으로 만든 장식, 청동기 시대

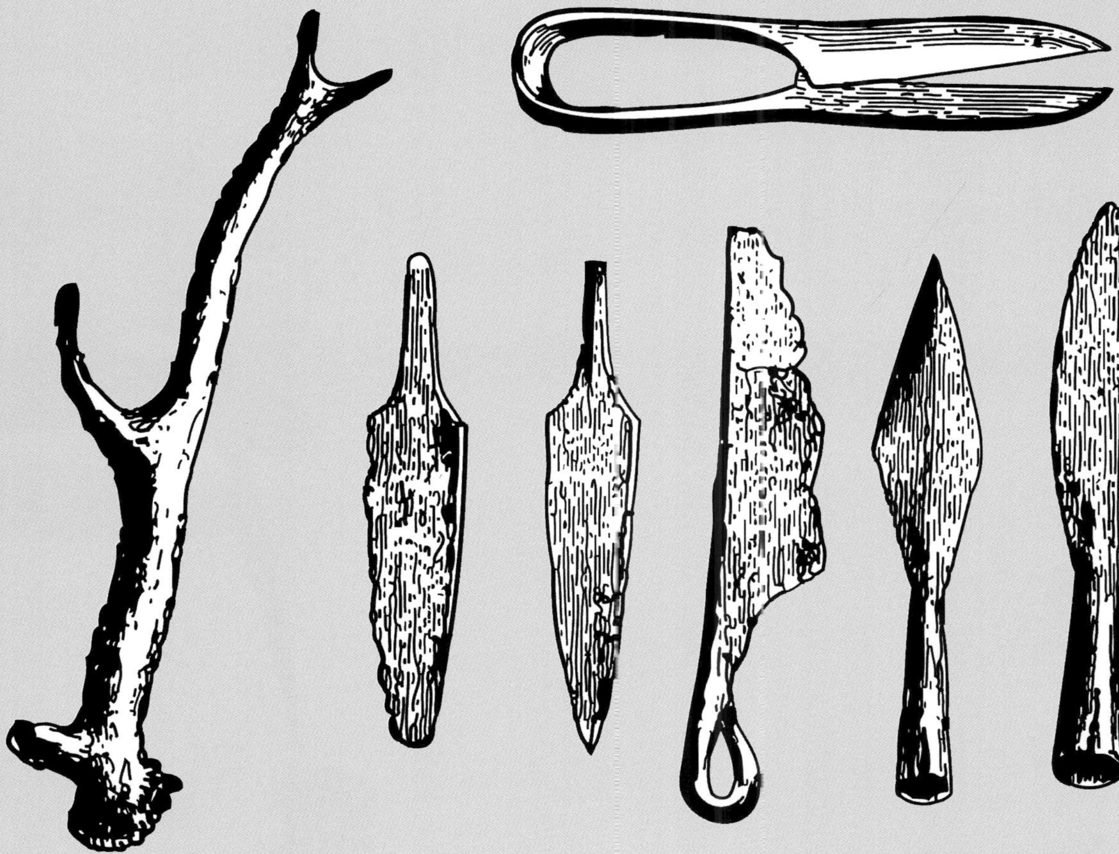

면도칼과 가위, 청동기 시대

고대의 화장

이집트 Egypt

이집트는 기원전 2659년부터 기원전 1070년까지 문명을 발전시켰다. 이집트인이 사용한 화장품에 관한 자료는 세부 묘사된 벽화와 수많은 유적에 기록되어 있다. 외모에 대한 이집트인의 관심은 육체적 삶과 영적인 삶의 만남에 대한 믿음에서 왔다. 그들은 몸단장과 건강관리를 위한 700가지 이상의 처방과 치료약이 담긴 엄청난 양의 의학 문서들을 남겼다.

기원전 1550년에 기록되고, 19세기 후반에 조지 에버스(Georg ebers)에 의해 번역된 에버스 파피루스는 이집트인들이 어떻게 그들의 마술적인 믿음을 실용적인 조합제에 적용했는지를 보여준다. 부유한 이집트 여인의 화장품 상자에는 부석(浮石), 눈 화장 도구, 미네랄 파우더, 색 혼합용 팔레트, 그리고 색조 파우더 함이 들어 있었다. 이러한 것들은 초록색 미네랄 공작석(mineral malachite), 연지나 입술 색을 입히는 데 사용된 대자석(red ochre)[6], 콜(kohl)로 알려진 검댕으로 만든 검은색 아이라이너, 방연석 등 여러 재료로 만들어졌다.

이집트인들에게 목욕이나 개인위생은 매우 중요했다. 그들은 모래에 점토와 재를 섞어 각질 제거 스크럽제로 사용했다. 달걀과 향기로운 기름으로 만든 마스크 팩은 태양빛에 얼굴이 건조해지는 것을 방지하고 벌레를 퇴치하는 데 사용되었다.

아랍식 검은색 콜(kohl) 병

6) 대자석_적철석(赤鐵石)의 하나. 부드럽고 잘 부스러져서 붉은색의 흙과 비슷하며, 안료(顔料)로 쓰인다.

고대 이집트 파피루스(papyrus)

자연 상태의 방연석(galena)

3000년 전 대중적이었던 주름개선 크림으로 항염 진정 기름인 유향(frankincense)을 사용했다. 이런 초기의 주름개선제들은 수지(resin), 왁스(wax), 그리고 기름이 들어가 있어 피부가 수분을 유지할 수 있게 했다.

유향과 몰약(myrrh)[7]

고대 이집트의 여인 콜라주 작품.

일반적인 이집트 여성에게는 콜, 공작석(malachite)으로 만든 초록색 눈 화장품, 그리고 연지나 입술색에 사용된 대자석이 가장 인기가 많았다. 현재 이라크에 위치했던 메소포타미아는 티그리스와 유프라테스 강 사이, 남서부 아시아에 위치한 고대지역이다. 수메르(Sumer), 아카드(Akkad), 바빌로니아(Babylonia), 그리고 아시리아(Assyria) 부족을 포함한 이 지역의 몇몇 초기문명은 의류와 고급품을 광범위하게 거래하였다. 기원전 2,000년경에는 목욕과 면도를 할 때 기름과 연고를 사용했다는 고고학적 자료들도 있다. 기름은 햇빛에 의한 극심한 건조함으로부터 피부를 지키기 위해 일상적으로 사용되었다. 연고와 향료는 사원에서, 향기 나는 왁스는 특별한 행사나 축하연에서 향수로 사용되었다. 궁궐에서는 향수 조합을 위해 객실 전체를 사용하기도 했다.

광택이 나는 공작석(malachite)

7) 몰약(沒藥): 감람과 미르라나무속의 식물에서 스며 나오는 수지(樹脂): 향 · 향료로 사용됨.

기원전 2200년부터 기원전 2177년까지 아시리아(Assyrian)인들은 계피(cassia)와 리크(leek)[8] 추출물로 머리 염색약을 만들었다. 이 시대의 양각 작품에는 모발용 포마드를 사용하여 수염에 정교하게 컬을 넣은 남자들의 모습이 묘사되어 있다. 이러한 스타일링 기구들은 올리브기름, 밀랍, 수지, 향이 나는 나무껍질과 허브 등으로 만들어졌다.

기원전 2500년경, 바빌로니아인들은 눈, 볼, 입술 화장품을 사용했다. 그들은 조개껍데기에 보라, 빨강, 노랑, 파랑, 초록, 검은색의 색소를 채웠다. 이 색소는 태운 동물 뼈를 첨가하여 색상을 엷게 했다. 초록색 눈 화장은 치장용만이 아니라 햇빛 차단제, 눈 감염에 소독 연고로도 사용했다.

신-아시리아 여인 두상, 니므루드(Nimrud) 유적, 상가

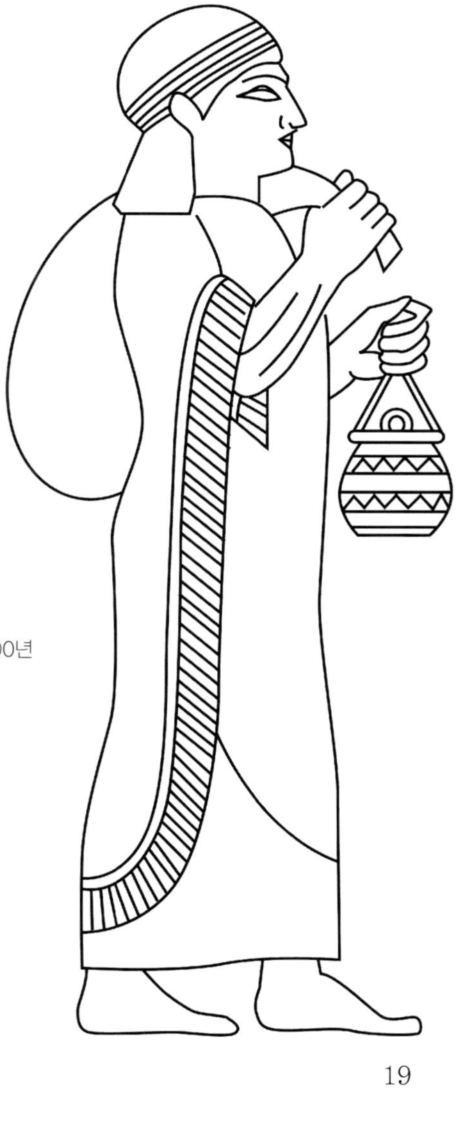

전통의상을 입고 일하는 아시리아 여인, 기원전 700년

8) 리크: 백합과의 파 비슷한 식물

그리스 The Greeks

그리스인들은 얼굴 화장에서 간단함을 중시했지만, 향유에는 관심이 많았다. 그들은 착색한 액체로 향수를 만드는 독특한 방법을 발달시켰고 샐비어[9]나 장미처럼 한 가지 성분이 들어간 향수를 좋아했다.

그리스 여인들은 리본과 금속 밴드로 헤어스타일 장식을 했다. 대중적인 헤어스타일은 부분으로 나뉜 부드러운 곱슬머리에서부터 화려한 리본과 머리띠까지 이르렀다. 머리 기름은 컬을 만들고 머리 윗부분을 정리하는 데 사용했다.

송진과 석고를 함유한 탈모제와 족집게를 이용해 몸의 털을 제거하여 부드러움을 유지했다. 얼굴은 루즈를 볼과 입술에 사용했다. 몇몇 벽화는 점과 선 같은 다른 형태의 화장기술을 보여준다.

미술작품에 나오는 그리스 여인들이 거울을 들고 있는 모습을 종종 볼 수 있는데, 이는 아름다워지고 싶은 마음을 표현하기 위해서이다.

고대 그리스 꽃병

9) 세이지, 샐비어(약용 · 향료용 허브)

대리석으로 만든 밀로의 비너스, 루브르박물관, 파리, 기원전 130년–기원전 100년

전통적인 헤어스타일을 한 그리스 여인의 연필화

고대 그리스 대리석 석관

페르시아 Persia

고대 페르시아의 부조 조각들은 고급스러운 드레스와 상세한 차림새를 보여준다. 향기로운 기름과 화장품들은 이집트에서 작은 돌 항아리에 담겨 주기적으로 배송되었다. 남성들은 눈 주위에 콜을 사용했는데, 지금도 중동 남자들이 그 방식을 이어 나가고 있다. 그들은 나쁜 냄새와 먼지를 제거하기 위해 연고와 향수를 자주 사용했다. 페르시아 인들은 화장품 사용을 받아들여 문화에 영향을 주었으며, 고전적인 그리스와 로마 문명이 변할 수 있게 하는 계기를 만들어 주었다.

로마 The Romans

로마인들은 빨간색과 분홍색 입술 화장품을 사용하고, 아이라이너로 눈썹을 어둡게 했으며, 리본과 핀으로 머리에 컬을 하였다. 백악과 식초로 만든 크림은 얼굴색을 밝게 해주었다. 곱게 간 붓꽃(orris) 뿌리는 얼굴 파우더로 사용했다. 로마 여성들은 피부 크림과 향수로 단장하는 것을 선호했다. 서기100년에서 120년의 로마 무덤에서는 향수와 연고를 담은 유리병이 발견되었다.

부유한 로마 여인들은 미용 관리를 위하여 화장 전문가와 헤어 스타일리스트를 고용하였다. 화장 전문가들은 코스마테(cosmatae), 화장의 대가(mistress of the toilette), 미용사(ornatrix)라고 불렀다.

코르넬리아 안토니아(Cornelia antonia)의 고전적 로마 석상, 서기 150년

고대 로마 여인의 모자이크

Historical TIMELINE 시대적 타임라인

330년 ~ 1550년

900년

노르웨이족, 색슨족, 튜턴족 전사들은 머리 염색, 정교한 콧수염, 형형색색의 타투를 했다.

1000년

비잔틴 사람들은 보석 장식 뚜껑이 달린 수정 화장품 병을 사용했다.
향수가 담긴 초승달 모양의 펜던트는 귀에 걸었다.

십자군은 머리 염색을 패션의 한 부분으로 유행시켰다. 금발이나 흑발이 선호되었고, 빨간 머리는 매춘부나 마녀의 상징이었다.

700년

노르웨이족, 색슨족, 튜턴족은 암흑시대(dark age)를 가져왔다. 야만인들은 투박하고 혐오스러운 문신이나, 귀를 뚫는 피어싱, 무거운 금 장신구를 했다.

950년

바이킹족은 그들의 선박과 광범위한 교역로를 이용해 아랍 국가로부터 유럽으로 향료를 가져왔다.

기독교는 분묘 부장품을 금지했고 육신이 아니라 영혼의 관리를 장려했다. 구약성서는 향수와 성유를 명시했으며 교부들은 사치품을 기피할 것을 권고했다.

1200년

유대인 상인들은 십자군 전쟁 이후에 향신료, 염료, 연고, 향수 등을 교역하였다.

1400년

종교 관련 저술가들은 화장품의 사용에 대해 비난했지만, 상위 계층은 그럼에도 불구하고 화장품을 계속 사용했다.

1460년

중세의 이상적인 얼굴은 창백한 둥근형으로, 뽑힌 듯한 눈썹, 벗겨진 것처럼 다듬어진 헤어라인을 가지고 있어야 했다. 입술은 작고 눈은 얼굴에서 유일하게 색상이 들어간 부분으로 큰 눈이 선호되었다.

1470년

에드워드 4세가 통치하는 기간 동안 잉글랜드의 남자와 여자 모두 화장품을 사용하였다. 얼굴에 바르는 화이트닝 파우더, 입술에 바르는 빨간 연고, 눈과 눈썹에 바르는 검은 콜이 일반적인 화장품이었다.

1482년

프랑스와 잉글랜드의 왕이 모두 여성스러운 성격이어서 화장품을 자유롭게 사용하였다.

[사진] 비너스의 탄생, 보티첼리 작품

1550년

교회의 비난에서 자유로운 상류층 여성들은 계속해서 화장품을 사용하였다. 아름다움의 묘약은 마술이나 주문과 관련이 있었다.

중세시대 The Medieval period

기독교의 시작, 혹독한 기후 조건, 그리고 질병의 확산으로 인하여 중세시대 화장품 사용은 최소한으로 제한되었다. 기독교 선교사들은 허영심을 악한 것이라고 여겼기 때문에 허브 물약과 연고를 화장품이 아닌 용도로 사용하도록 권고했다. 허브 조제약은 집을 청결히 하고 해충을 없애는 데 사용되었다.

서기 1000년은 남자의 몸단장에 있어 중요한 시기이다. 많은 사람들이 그리스도의 탄생일에 그가 재림할 것이라고 믿었기 때문에 남자의 머리치장은 악으로 여겨졌다. 남자들은 더 이상 면도를 하지 않았으며, 머리는 제멋대로 길렀다. 시간이 흐르면서 많은 추종자들은 자신들이 구원 받았다고 생각하고 계속해서 머리를 길렀다. 교회는 목욕 하는 것을 좋게 보지 않았는데, 이는 고대 로마의 공동 목욕이 난혼을 일으켰다고 믿었기 때문이다.

헤어스타일에 관한 정보는 많지 않은데, 대부분의 여성들이 머리를 감추었기 때문이다. 하지만 그 당시의 여성들은 금발과 풍부한 컬이 들어간 헤어스타일을 추구했음을 알 수 있다. 여성과 남성 모두 족집게와 빗으로 멋을 냈다.

노르웨이인, 튜턴족, 색슨족 사람들은 문신과 무거운 장신구를 착용했다. 그들은 사치스러운 머리를 선호했고, 빗질로 이(蝨)를 깨끗하게 제거하기 위해 촘촘하게 조각된 빗을 만들었다. 여성들은 기름과 포마드를 머리에 발랐고, 피부를 부드럽고 상쾌하게 하기 위해 허브를 사용했다. 바이킹들은 고대 로마의 무역 노선을 이용해 영국에 화장품을 공급했다.

드 바타비아 알카마르(De batavier alkmaar)의 바이킹 목상, 네덜란드

전통 중세 머리 장식을 한 여인

중세시대 The Middle ages

중세시대에 잉글랜드와 유럽의 기사들은 십자군을 통해 패션과 화장품의 세계를 접하였다. 그들은 몸을 단장하는 새롭고 이국적인 관습을 목격하였고 집에 돌아가 여자들에게 그들의 발견을 전해 주었다. 동양과의 교역은 유럽에 많은 향신료와 오일 화장품 재료들을 가져다주었으며, 연금술사들은 묘약과 향수를 제조할 필요성을 느끼게 되었다.
아랍인들은 머리 염색 제품과 로션, 크림의 사용을 통해 유럽의 패션에 서서히 영향을 미쳤다. 유대교의 영적 치유자들은 외국의 아름다워지는 물약과 아랍 세계에서 수입된 재료들을 혼합하였다. 여자들은 얼굴에 밀가루로 된 분을 바르고 주근깨를 없애기 위해 잿물과 같은 표백제를 사용했다. 비록 중세의 삶이 전쟁과 정치 중심으로 돌아갔지만, 왕실 내에서는 여전히 호화로운 사치품과 화려한 옷이나 보석에 대한 기호가 존재했다. 궁중의 남성과 여성 모두 전용 이발사와 화장품 업자들을 가까이 두었다.

십자군 소속 기사

하얀 백합

붉은 장미

영국의 왕 에드워드 4세의 부인인 엘리자베스 우드빌(Elizabeth woodville)은 중세시대 당시 아름다움의 상징으로 여겨졌다. 그녀는 넓은 이마와 계란형의 얼굴, 밝은색 머리, 오똑한 코 그리고 작은 입술을 가지고 있었다.

15세기의 창녀들은 화장품을 자유롭게 사용했다. 두껍게 화장한 얼굴, 정교한 가발, 그리고 피아넬(pianelles)이라고 불리는 굽 높은 신발이 그녀들의 특징이었다.

중세시대의 화장 도구로는 이쑤시개, 족집게, 귀이개, 작은 거울, 나무나 뼈, 또는 뿔로 만든 빗이 있는데, 이 물건들 중 상당수는 로마에서 발견된 것들과 비슷하다.

백합과 장미는 기사도 정신의 상징이었으며, 아름다움을 대표하는 색이었다. 백합은 밝은 얼굴색을 나타내고 붉은 장미는 생기 있는 입술을 표현하는 색이었다.

향수와 향기가 나는 액체들은 집을 깨끗이 하고 상쾌하게 하기 위해 쓰였다. 청결에 이용된 허브는 감염의 위험이 있는 질병들로부터 보호해주는 항균성을 지녔다. 인기 있는 향수들은 제비꽃을 짓눌러 정제된 동물기름을 함께 섞어 만들었다.

패션 정보들이 주기적으로 영국 해협을 넘어가면서, 프랑스의 패션은 서서히 영국 궁전에 영향을 미치기 시작했다. 드레스에 향을 입히기 위한 포먼더(pomander)[10]는 프랑스에서 유래되었다. 일반적으로 목욕과 청결은 큰 스펀지를 사용하거나 대야의 물에 신선한 허브와 꽃을 함께 뿌려 이루어졌다. 일반인들은 공공욕조와 공중목욕탕을 이용했다. 1348년의 역병과 흑사병은 이러한 많은 시설들의 문을 닫게 했고, 사람들은 사치스러운 화장대신 간소하고 평범한 생활방식을 따랐다.

중세시대가 끝날 즈음, 여성들은 새로운 무역과 문화 교류에 혜택을 보았다. 색조 화장품, 비누, 거울, 염료, 향수 등을 보다 쉽게 접할 수 있게 되었다. 이러한 물건들은 대중에게 알려졌지만, 경제적 혹은 종교적 이유 때문에 모든 이들이 사용하지는 않았다.

10) (방충용으로 찬장 등에 넣어두는) 향료알. 향료알 넣는 갑

잉글랜드의 여왕
엘리자베스 우드빌의 초상화 1400년경

페라라(Ferrara)의 공작부인
루크레치아 보르자(Lucrezia borgia)의 초상화, 1500년경

Historical TIMELINE 시대적 타임라인

1600년 ~ 1789년

1630년

엘리자베스 1세 여왕은 우아한 여성들이 만족할 만한 화장품 사용법을 만들었다. 프랑스 화장품의 사용은 날로 증가해서 수녀들조차 분을 바르거나 머리에 웨이브를 넣기도 하였다. 노동자 계급의 여성들은 밀가루를 얼굴에 발라 분처럼 사용했다.

1643년

여성들은 햇볕으로부터 피부를 보호하기 위해서 가죽을 잘라 마스크로 사용하였다. 때때로 이 마스크는 남성에게 추파를 던질 때도 사용되었다.

1660년

샤를(Charles) 2세는 가발 대신에 자신의 머리를 짧게 자르거나 면도를 하는 등 짧은 머리를 유행시켰다. 남자뿐만 아니라 여자도 이러한 유행을 따랐다.

1720년

잉글랜드에서 에나멜, 루즈, 백분, 마스크는 궁정사회에서 상류층을 구분하는 기준이 되었다. 여드름을 가리는 패치는 얼굴의 위치에 따라 이름과 의미가 달라졌다.

1600년

베니스에서는 치사량의 납으로 만들어진 분을 판매하였다.

1640년

에스키모(eskimo) 부족은 유럽 탐험가들을 놀라게 하기 위해 자신들의 얼굴에 파란색이나 노란색을 칠했다.

1653년

왕정복고 시대의 여성은 매우 검소했다. 과도한 장식은 법으로 처벌되었다. 이마를 드러내고, 머리칼은 양 옆으로 자연스럽게 흘러내렸다.

1700년

마녀사냥이 사라지고 박해가 진정되자 선원들은 문신을 했다. 문신은 행운의 부적과 사회적 신분을 나타내는 것이었다.

여성은 검은색 실크나 벨벳으로 덮힌 가죽 마스크를 써서 그녀들의 매력을 한층 부각시켰다. 이는 이 시대 여성들에게 아이 메이크업은 중요하지 않았다는 것을 의미한다. 백분과 스페니쉬 레드(spanish red)가 얼굴에 바르는 기본색상이었다.

1750년

이 시대의 프랑스는 고형 입술 크림, 머릿기름, 향이 나는 연고 등 그 당시 가장 유명한 화장품들을 생산해냈다. 프랑스인들은 여행자들을 통해 이 생산품들을 영국으로 보냈다. 미국에서 여성들은 좀 더 절제된 방식으로 유사한 조제품을 사용해서 자연스럽게 보이도록 했다.

[사진] 마자랭 공작부인인 호텐스 만치니(Hortense mancini)의 초상화

정교한 옷으로 인해 씻는 것이 어려워지자 사람들은 악취와 더러움을 가리기 위해 향수를 무턱대고 사용하였다.

1760년

영국에서 천연두의 확산과 피부를 희게 하기 위한 백분의 사용은 영구적인 흉터와 얽은 자국을 남겼다. 옷이나 가죽 패치(patch)로 별이나 달 모양을 만들어 흉터를 가렸다.

1770년

분필처럼 생긴 립스틱은 프랑스 파리의 토양 플라스터에 카민(carmine)[11]이나 식물성 염료를 넣어 색을 추가했다.

1773년

머리는 돼지비계를 정제하여 하얗게 굳힌 라드를 사용하여 고정시켰고, 하얀 분을 칠라 인조 꽃이나 깃털로 장식하였다. 탑처럼 쌓아올린 머리는 쥐나 벼룩으로 득실거렸다. 가발을 사용하지 않을 때를 대비해 은이나 금으로 만든 와이어가 가발을 보호하였다.

여행을 주로 하는 엘리트 계층의 남성 회원들은 마카로니 클럽(Macaroni club)을 만들었다. 이 남성들은 이탈리아 스타일의 옷을 입고, 길고 구불거리는 헤어스타일, 짙은 화장을 했는데, 이들의 패션에 대한 과도한 집착은 비웃음거리가 되기도 했다. 이들은 대중가요인 양키 두들(Yankee doodle)에서 언급되었다.

1786년

잉글랜드에서는 화장품에 높은 세금을 부과했다. 매장에서 화장품을 판매하기 위해서는 면허증이 있어야 했다. 화장품 가격이 고가가 되자 많은 여성들은 여성 잡지에 나온 가정용 제조법에 따라 화장품을 만들었다.

1789년

프랑스 혁명은 프랑스 귀족 사회와 극도로 인위적인 룩의 종점을 찍었다. 화장한 얼굴은 저속한 것으로 취급되었으며 사람들은 전원생활로 시간을 보내고 자연스러움을 선호했다. 남성들은 머리를 짧게 잘랐고 흰색 파우더는 사용이 금지되었다.

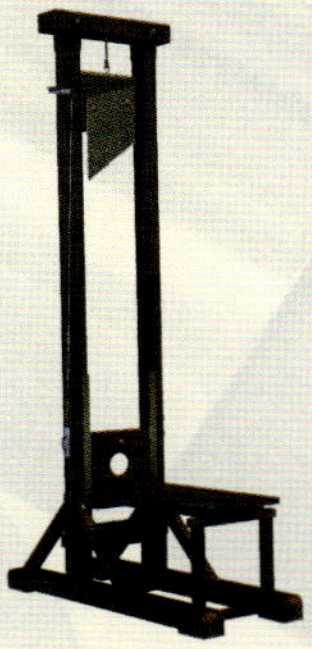

11) 연지벌레에서 추출된 원료로 만든 붉은색. 빨강의 순색과 비슷하나 채도가 약간 약한, 서양에서 건너온 홍색이다.

16 · 17세기 Sixteenth and Seventeenth centuries

잉글랜드의 튜더 왕가와 엘리자베스 1세의 통치는 번영을 가져왔으며, 화장에 대한 새로운 발전을 일으켰다. 엘리자베스 궁전의 사람들은 백색 납 파우더, 스페인의 붉은 루즈, 그리고 염색약을 정기적으로 사용했다. 엘리자베스 여왕의 도자기 같은 하얀 피부는 1800년대 까지도 인기를 끌었다. 백색 납 파우더나 백연(ceruse)의 사용은 그녀를 희고 창백하게 보이게 만들었다. 그 당시 확실한 패션 중심지였던 베니스는 백연의 주된 수출 지역이었다. 백연은 몸에 해로웠지만, 부유층 사람들이 좋아하는 가장 비싼 화장품 중 하나로, 피부를 투명하게 보이게 하기 위해 목과 가슴에 있는 정맥에 칠했다. 볼과 입술은 밝은 핑크색이었는데, 이는 유령처럼 하얀 안색과 크게 대조되었다.

영국 여왕 엘리자베스 1세의 초상화

궁정사회에 속한 남성과 여성들은 유리 또는 강철로 만든 거울을 가지고 다녔다. 그들은 진한 사향(musk) 향을 곧장 피부에 바르지 않고 의복과 장갑에 입혔다. 그들은 얼굴에 있는 흉터나 얽은 자국을 헝겊으로 가렸다. 그 당시에 사용된 향수는 향이 매우 자극적이었다. 1590년에 사용된 엘리자베스 1세 시대의 기도서가 400년 후에 발견되었을 때, 그 책에는 여전히 미량의 사향이 남아 있었다.

엘리자베스 통치 기간에 머리를 적갈색으로 염색하는 것이 흔했지만, 여전히 금발이 가장 인기 있는 머리색이었다. 머리색을 밝게 하는 데 사용된 물약들은 대황(rhubarb)[12]을 포도주나 잿물에 담가서 만들었다. 이것은 머리카락을 금발이 되게 했지만 머릿결을 상하게 했다. 좀 더 안전한 염색약은 강황(turmeric)과 명반(alum)으로 만들어진 약으로 머리를 어두운 금발로 물들였다.

17세기 무역의 확대와 동인도 회사의 설립은 이국적인 향신료와 향료들을 영국으로 가져왔다. 따뜻한 방이 있는 평민들에게도 허브를 말리고 음식을 만드는 유행이 전해졌다. 의학적 처방이 화장품 용도로 개조되었다. 질병을 막기 위해 사용되었던 허브 식초는 향수로 바뀌어 의복과 집의 냄새를 상쾌하게 하는 데 사용되었다. 미용기구에 관한 도서들은 세밀한 장식법을 실으며 활발하게 출간되었다.
그 시기 청교도의 영향으로 다양한 사회 계급들 사이에서 화장품 사용에 대한 의견들이 분분했다. 이 시기 동안 메이크업은 논란을 불러일으키는 것이었다. 청교도들은 화장품이 남자들을 매료시켜 결혼하도록 현혹하는 거짓된 물품이라고 믿었다. 화장품은 주술과 관련이 있다고 여겨졌고, 화장품의 사용은 결국 법에 의해 처벌되었다.
청교도 여인들 사이에서 창백하고 털이 없는 얼굴이 이상적인 미인의 표준으로 여겨졌으며, 그들은 눈썹을 제거하고 이마를 넓게 드러내기 위해 무자비하게 털을 뽑았다. 청교도들은 거울을 들고 다니는 귀족 남성과 여성들은 거울에 비친 그들의 모습에서 악마를 본다고 믿었다.
청교도 인들은 비누를 사용하는 것은 좋아했지만, 향수를 뿌리는 것은 영혼과 감각을 무디게 한다고 주장하며 멀리했다. 어떤 형태든 미화하는 것을 죄로 여겼으며, 미용도구들을 사용한 후 악마에게 끌려가 최후의 대가를 치른 여성들에 관한 교훈적 이야기가 나돌았다.
당시 사람들은 화장과 매춘을 동급으로 생각했다. 그럼에도 불구하고 많은 여성들은 가정에서 만들거나 구매한 화장품으로 아름다워지려는 시도가 계속되었는데, 남성들이 아름다운 외모를 우대했기 때문이다.

17세기의 청교도 여인

12) [식물] 대황(大黃): 장군풀의 뿌리줄기; 중국 · 티베트산으로 하제 · 고미(苦味)제.

잉글랜드 왕 찰스 2세

1660년부터 1685년까지 찰스 2세의 복귀와 청교도 통치의 종말은 좀 더 자유로운 화장품과 사치품의 사용을 불러왔다. 향료와 비누는 부유층에 의해 널리 사용되었다.

회반죽, 착색제, 왁스로 만든 화장용 크레용은 분장용 화장품과 같았다. 포맨더는 좀 더 정교해지면서 향기 나는 상자와 함께 사용되었는데, 나쁜 냄새를 숨기기 위해 가지고 다니면서 종종 코로 들이마실 수 있는 화려하게 장식된 작은 상자였다. 이 상자는 향수나 향내가 나는 천을 담았다. 심지어 성직자들도 화장품으로 향이 좋은 식초, 속을 파낸 라벤더, 로즈마리, 정향(clove)[13]으로 채워 넣은 오렌지를 사용했다.

가격이 저렴해지면서, 화장품은 대중들에게 널리 퍼지게 되었다. 대자석과 파우더는 1페니면 구할 수 있었다. 상인, 평민, 소작농들은 행상들로부터 화장품을 구했다. 그들은 볼에 사용하는 오커, 머리 염색용 염료, 주근깨 치료약, 기타 여러 가지 '기적' 크림들을 판매했다. 대부분의 약들은 효과가 없었으며, 말을 잘하는 판매인들이 귀가 얇고 잘 속는 고객들에게 판매했다. 꿀이나 허브를 넣어 달게 만든 연마재 가루로 치아를 닦는 것이 구강 위생의 시작이었다.

이쑤시개를 사용했으며 입은 물로 헹구었다. 이 당시에는 단 음식이 치아를 부식시킨다고 알려지지 않았다. 여성들이 사용했던 일반적인 화장품에는 곰 기름, 오렌지 꽃물, 향유, 파우더 상자, 머리 빗, 드레스 핀, 태피터(taffeta)[14]나 가죽으로 만든 얼굴 패치, 화장품 등이 있다. 꽃물은 보편적으로 목욕하는 데 사용되었으나, 온수는 살을 익게 만들지도 모른다고 두려워했다. 대다수의 사람들은 목욕하기 보다는 향수에 담근 스펀지를 사용하여 악취를 감추었다.

17세기 은제 포맨더(pomander) 비네그레트 상자, 1695년

여성들은 클렌징크림을 사용해 피부를 관리했다. 이 크림은 비누와 수축성 재료들을 섞어 만들었으며, 빅토리아 여왕 시대까지도 사용되었다.

13) 정향(丁香): 정향나무의 꽃봉오리를 말린 향료

14) 태피터, 호박단: 비단 및 광택이 있는 얇은 평직(물)

18세기 The eighteenth century

18세기는 프랑스 귀족들의 과도한 화장품 사용이 특징이었다. 화려한 드레스와 최신 유행 스타일에 대한 관심은 부유층을 빈곤층과 분리시켰다. 궁정에서는 루즈를 지나칠 정도로 과다하게 사용하였고, 분과 연지는 강하고 인상적인 모습을 표현하기 위해 사용되었다. 머리는 거대한 탑과 같은 스타일이었고, 향수는 매우 진한 냄새를 입혀 과도하게 사용했다. 프랑스 마리 앙투아네트(Marie antoinette) 여왕은 공개적으로 화장 의례를 실행했다. 복잡한 절차가 신중히 연출되면서 궁정의 특권층 멤버들이 동참하도록 했다. 이러한 공개적인 토론장에서 여성들은 그녀들의 외모 외의 많은 주제에 대해 이야기 했고, 지적인 손님들을 초청해 이야기를 나누었다.

마리 앙투아네트 조소, 1750년경

루이 16세와 마리 앙투아네트와 회담하는 라파예트. 판화. 1859년

퐁파두르(Pompadour) 후작부인의 초상화

18세기 프랑스에서는 향수의 중요성이 매우 강조되었다. 예를 들어 가장 큰 향수 가게였던 우비강(houbigant)[15]은 지금도 존재한다.

루이 15세의 궁전은 "향수의 궁전"으로 불리기도 했다. 루이 15세의 정부였던 마담 퐁파두르(Madame de pompadour)는 프랑스의 도시인 몽펠리에(montpellier)[16]와 그라스(grasse)[17]를 향수세계의 중심지로 자리 잡게 만드는데 기여했다. 이 장소들에서 향수 제조 과정인 냉침법, 침용, 세척으로 섬세하고 우아한 향수를 만들 수 있게 된 것이다. 향수는 옷, 입 냄새 제거용 사탕 알약, 가정용 향료, 포푸리(potpourri)[18]등에 사용되었다. 향수에 담근 사각형의 작은 천 조각들을 값비싼 장신구 상자 안에 넣기도 했다. 1789년, 프랑스 혁명이 발발하면서 향수 사용은 불필요한 관행이라 하여 금지했으나, 나폴레옹이 왕권을 잡고 다시 사용하게 되었다. 하얀 파우더인 백연의 유독성과 치명적인 성분이 잘 알려져 있었지만, 여전히 대중적인 화장품이었다. 백연은 피부에 두껍게 발라져, 이 상태를 계속 유지하면서 이로 인해 발생된 피부 손상을 감추었다. 독성 화장품의 과도한 사용은 많은 부유한 미인들의 요절을 야기했다. 아일랜드의 거닝(Gunning) 자매는 그들의 매혹적인 미모로 런던에서 명성을 얻었다. 백연(ceruse)의 독성 축적으로 그들 중 한 자매가 20대 초반에 사망했지만, 이것이 아름다움을 추구하는 이들에게 백연의 사용과 인기를 막지 못했다.

18세기는 아름다움과 물질주의의 시대였다. 중산층 여인들에게 화장품을 검소하게 사용하는 것은 남부끄럽지 않은 결혼생활과 높은 사회적 지위를 확고하게 하는 중요한 수단이었다. 너무 두드러지는 화장은 경멸했기 때문에, 사교계 여성들은 세련되면서도 티가 나지 않도록 화장의 균형을 맞추었다. 프랑스 혁명 기간 동안 왕족들과 귀족들에 대한 경멸로 파우더를 바른 곱슬머리는 1770년대의 좀 더 자연스러운 스타일에 자리를 내주었다.

그 당시 화장품의 트렌드는 얼굴의 주된 초점으로 볼연지를 필요로 했다. 색조는 흐린 핑크색부터 밝은 오렌지색까지 패션의 변화에 따라 바뀌었다. 볼연지는 가장 일반적인 색조 화장품으로 남성과 여성 모두가 사용했다. 남성들은 양홍색이 첨가된 스페인 패드를 사용하여 볼을 색칠했다. 이 성분의 기원은 볼연지 색조에 차이를 가져왔다. 딱정벌레로 만드는 양홍색은 강렬한 자줏빛을 낸다. 미네랄에서 나온 색소들은 오렌지 레드 색을 만들었다. 식물성 볼연지는 보다 자연스럽고 투명한 붉은색을 낸다.

코벤트리(Coventry) 백작부인 메리거닝(Mary gunning)의 초상화

15) 프랑스의 화장품 제조 회사, 또는 그 회사제의 고급 향수
16) 프랑스 남부 marseilles의 서북서에 위치한 도시
17) 프랑스 남동부, nice의 서쪽에 있는 도시
18) 방 안을 향긋하게 하기 위하여 말린 꽃잎과 향료를 섞어서 단지에 넣은 것

어두운 색조는 프랑스에서는 선호되었지만 영국인들은 좋아하지 않았다. 유럽 도처에서 고체형 입술연고, 머릿기름, 향기 나는 연고가 다양한 제조법으로 만들어졌다. 창백한 피부, 검은 눈썹, 장밋빛 볼과 입술이 이상적인 얼굴로 만드는 메이크업에 포함되었다. 여성들의 눈썹은 정리되고, 딱총나무 열매(elderberry)즙으로 물들이거나 탄 코르크로 어둡게 만들었다. 쥐 털로 만든 인조 눈썹은 1700년부터 1780년까지 유행했다.

연백분 위에 밝은 볼연지. 중산층과 귀족들이 사용하였다.

미국에서는 좀 더 자연스러운 외모를 과시했으며 화장품 사용은 자제했다. 미국에서 유럽식 멋쟁이 또는 영국 멋쟁이(British dancy)라고 불린 사람들은 파우더를 바른 거대한 가발, 볼연지와 파우더를 사용했으며, 패션은 매우 사치스러웠다. 그들은 종종 생업에 부적당한 패션과 여성스러운 습관 때문에 풍자의 대상이 되기 일쑤였다. 18세기의 많은 사람들에게 치아 위생은 몸단장에서 고려할 대상이 아니었다.

18세기 후반 미국의 대중적인 헤어스타일

대다수 사람들은 플럼퍼(plumper)라 불리는 코르크를 사용하여 치아가 없어 쑥 들어간 볼을 채워 넣었다. 가짜 이는 동물의 뼈와 상아를 이용해 만들었다. 조지 워싱턴은 동물의 뼈와 상아로 만든 의치(틀니)를 했다. 가끔은 시체에서 뽑은 진짜 이도 있었다. 가루치약은 치아를 청결하게 하는 연마재로 사용되었다. 구취를 약화시키는 스펀지와 혀 긁개는 대중적인 치아 청결제였다.

최초의 패션 잡지는 18세기에 만들어졌다. 이 잡지에는 허영적인 것을 추구하던 당시의 여성들에게 인기 있는 패션과 헤어스타일 트렌드가 수록되어 있다.

1770년에 발간된 '더 레이디스 매거진(the ladys magazine)' 같은 잡지는 글을 많이 싣지 않았으며, 이미 유행의 첨단을 걷는 룩에 익숙한 여성들을 대상으로 발행되었다.

18세기 말에는 프랑스 파리의 '저널 드 라 모드(journal de la mode)' 를 미국과 영국에서도 구할 수 있었으며, 패션 사업을 좀 더 광범위한 독자들에게 확대시켰다.

1786년, 잉글랜드에서는 화장품에도 세금이 부과되었다. 헤어 파우더를 뿌리기 위해서도 특별한 면허가 필요했다. 향기 나는 헤어 파우더, 포마드(pomade), 부분가발은 거대한 높이의 로코코 헤어스타일을 만들기 위해 필수적이었으며, 그 시기의 인기 있는 스타일에 뒤지지 않기 위해 지불하는 금액은 아무리 고액이어도 상관이 없었다. 1800년대에 마침내 벌금이 폐지되었는데, 그때는 헤어 파우더의 유행이 시들해졌고, 파우더를 뿌리는 사람들은 부자들에게 고용된 하인들뿐이었다.

Historical TIMELINE 시대적 타임라인

1800년 ~ 1897년

1804년

나폴레옹 보나파르트(Napoleon bonaparte)는 자신을 프랑스의 황제로 임명하고, 프랑스 혁명기에 제정된 그라스(grasse) 지방의 향수에 관한 규제를 철폐했다.

1825년

'아트 오브 뷰티(The art of beauty)' 라는 책이 익명으로 출판되었다. 이 책은 화장의 목적은 결점을 가리기 위한 것이 아니라 피부를 개선하려는 것이라 주장한다. 또한 목욕을 자주 하고 다양한 연고와 로션을 바르는 것이 아름다움을 향상시킨다고 말했다.

1837년

당시 유행했던 곱슬머리를 손질하기 위한 모발용 포마드, 오일, 클렌저, 염색약은 여성과 남성 모두에게 필수품이었다.

1850년

비누 제조업은 빅토리아 여왕 통치기 잉글랜드에서 야들리(yardley), 스타뎀(statham)을 포함한 몇몇 공장들로 인해 번성하는 사업이 되었다. 영국 비누는 우수하다고 인정되면서 1851년에 대영박람회(great exhibition)에서 7개의 메달을 따는 쾌거를 이루기도 했다.

1800년

보 브럼멜(Beau brummell)은 흠 잡을 데 없는 청결함과 은은한 오드콜로뉴 사용으로 새로운 신사 패션을 구현하였다

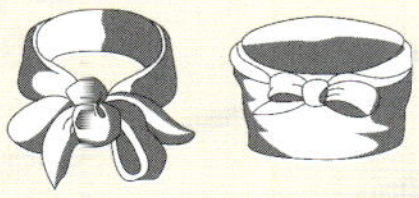

[사진] 두 가지 인기 있는 크라바트[19] 스타일

1806년

윌리엄 콜게이트(William colgate)가 콜게이트(Colgate) 사를 설립했다.

1830년

중국제 함이 최초의 메이크업 팔레트였다. 여기에는 검은 파우더가 코팅된 눈썹용 종이, 볼을 위한 붉은 파우더, 안면을 위한 흰 진주 가루가 들어 있었다.

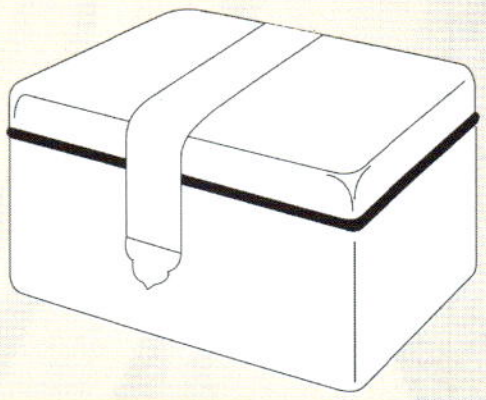

1842년

빅토리아(Victoria) 여왕 통치 기간 동안, 사람들은 청결함에 대한 집착으로 잉글랜드 리버풀(liverpool) 지역에 공중목욕탕을 만들었다.

19) 크라바트 _ 넥타이처럼 사용하는 남성용 스카프

1851년

유진 리멜(Eugene rimmel)은 대영 박람회에서 그의 향수로 선외가작상을 수상했다. 그는 후에 화장품 산업에서 유명인사가 되었다.

줄스 하우엘(Jules hauel), 러셀(Roussel), 바쟁(Bazin)은 미국 향수 제조업을 지배했다.

1860년

닥터 고러드(Gouraud)의 화장품과 존스(Jones)의 화장품은 뉴욕 데일리 트리뷴지에 자주 광고되었다. 화장품 유통의 중심지는 뉴욕, 필라델피아, 보스턴이었다. 판매 대리인들과 상인들은 이곳에서 구매한 화장품을 더 작은 도시나 마을로 가서 팔았다.

1870년

프랑스, 잉글랜드, 포르투갈은 많은 색조 화장품을 유통했다. 가장 인기 있던 것은 프랑스의 향수, 잉글랜드의 로션과 비누, 포르투갈의 볼연지용 접시였다.

1886년

프란시스 헤밍(Frances hemming) 여사는 런던에 싸이클랙스(cyclax)라 불리는 부티크를 오픈하고 화장품을 팔기 시작하였다.

1390년

사라 베르나르(Sarah Fernhardt)와 릴리 랭트리(Lillie Langtry)는 콜을 사용한 아이 메이크업과 카민을 사용한 입술 색으로 새로운 미의 상징을 만들었다. 여성들은 화장품을 더 많이 사용하기 시작했다. 검댕은 다스카라의 시초가 되었다.

정규교육과 자격증을 주는 최초의 미용학원이 설립되었다.

1895년

여성 연예인 겸 배우인 줄리안 엘팅(Julian eltinge)은 자신의 화장품을 만들고 팔아 인기를 많이 얻었다.

1897년

시어스(sears)가 독자적인 라인의 화장품을 생산하여 공급하였다.

영국 빅토리아 여왕 초상화, 수정궁 개장식

19세기 The Nineteenth century

화장을 더욱 옅게 하는 것이 19세기의 특징이었다. 영국 빅토리아 여왕의 대관식에서 그녀는 젊은이다운 단정함을 표현했고 우아한 향수와 안색을 고상하고 밝게 해주는 은은한 진주 파우더의 인기를 이끌었다.

진한 향기는 빅토리아 여왕 제위 기간 동안 인기가 없었으나 인도에서 온 파촐리(patchouli)[20]는 인기를 끌었는데, 이는 수입산 캐시미어 숄이 벌레들을 쫓기 위해 향을 담은 잔가지들과 함께 포장되어 있었기 때문이다. 이 향기 나는 숄은 빅토리아 여왕 시대 내내 유행했다.

빅토리아 여왕 시대의 몸단장용 세트는 호화스러운 재료로 만들었다. 여기에는 빗, 브러시, 거울, 네일 버퍼(nail buffer)[21], 모자 고정용 핀 상자, 브석상자가 포함되었다. 화장품에 대한 대중적인 수용과 유럽 또는 미국 잡화점에서 화장품을 쉽게 구할 수 있다는 사실로 인해 완벽한 몸단장 습관은 특별한 주목을 받았다.

빅토리아 여왕 시대의 사람들은 청결을 중요시하였으며, 매일 씻는 것이 당연한 의례라 생각했다. 그들은 침실에 대야와 작은 욕조를 구비했다. 영국 소도시에서 위생 시설들은 문젯거리였다. 1848년에는 국가공중위생법(national public health act)이 제정되어 각 가정마다 위생적인 화장실을 갖추도록 했다. 화장실은 대부분 재로 가득 찬 구덩이였다. 하수도 시설을 만드는 것 또한 위생문제를 해결하는 데 도움이 되었다.

빅토리아 여왕 시대의 무도회에는 특별한 향수와 최신 유행의 드레스가 필요했다. 드레스 보호 장치나 슈미즈(chemises)[22], 속옷들은 춤을 출 때 흘린 땀을 없애기 위해 세탁했지만, 자연스러운 몸 냄새는 흔한 것으로 오늘날처럼 역겨운 것으로 여겨지진 않았다.

이상적인 빅토리아 시대의 미인, 종이 인형 일러스트

20) 파촐리: 인도산의 꿀풀과 식물
21) 손톱 표면을 부드럽게 하고 광택을 내기 위해 사용하는 곡선형 도구
22) 여성용 속옷 상의로 길이가 배와 엉덩이를 덮을 정도로 내려오는 스타일

겨울 모자를 쓴 빅토리아 시대 여인들, the delineator, 1901년 11월

많은 책들이 시간과 자연스러움에 상응할 수 있을만한 일상적인 화장법을 여성들에게 소개했다. 매일 두 시간 정도 아름다움을 위한 식이요법 수행이 권장되었다. 여성들은 매력 없고 평범하게 보이지 않기 위해 오랜 시간을 몸치장을 위해 투자해야 했다.

남성들을 위한 화장은 오드콜로뉴(eau de cologne),[23] 머리 포마드, 면도용 비누로 구성되었다. 멋쟁이들은 19세기 초반에도 있었지만, 그들은 화장품의 과도한 사용과 패션을 으스대는 모습으로 묘사되는 풍자적 삽화의 손쉬운 표적이었다.

1851년, 영국 런던의 하이드 파크에서 열린 대영박람회는 화장품, 비누, 고급스러운 세면도구들을 다채롭게 전시 했으며, 몸단장을 위한 물건에 대한 많은 수요를 만들어냈다. 헬리오트로프(heliotrope)[24]와 라일락은 향수로 인기가 많은 향이었다. 사향을 베이스로 한 향수는 1912년까지 인기를 끌었다.

19세기는 유럽에서 미국과 호주로의 대대적인 이민이 시작된 시기이다. 많은 사람들이 자신의 나라에서 가정 관리 안내서를 가져왔다. 그 안에는 그들의 고국에서 가장 인기 있는 화장품의 제조법도 들어있었고, 이는 정착민들 자신이 선호하는 화장품을 쓸 수 있도록 해주었다.

여성이 아이 메이크업을 하는 모습. la femme Intime의 일러스트, 1894

23) 독일 cologne 원산의 향수

24) [식물] 헬리오트로프, 양꽃마리

— Ils ne se doutent pas du mal qu'on se donne.
자신이 빠진 악행에 대해 의심하지 않는다.

내실의 여인. la femme intime의 일러스트, 1894

1804년 나폴레옹 보나파르트는 스스로 프랑스 황제의 자리에 올랐으며, 향수 생산 규제도 폐지했다. 나폴레옹은 향기가 나는 비누와 콜로뉴(cologne)[25]를 좋아했다.

프랑스 왕비이며 나폴레옹의 첫째 부인인 조세핀 황후(Empress josephine)는 진한 볼터치를 좋아했다. 그녀는 볼연지를 사들이는 데 거액을 투자했다. 많은 여성들은 여전히 지방 약국에서 불법적으로 볼연지를 사곤 했다.

그 당시의 많은 화장품들, 특히 액체나 크림 형태의 볼연지는 피부에 유해한 금속 물질들이 포함되어 있었다. 몇몇 파우더는 해롭지 않은 쌀 전분이나 비스무스(bismuth)[26]를 함유하고 있었는데, 이러한 파우더 안에 있는 미네랄이 대부분의 집에서 태우는 석탄불에 있는 유황에 노출되면 검게 변했다.

1890년대엔 오늘날 사용하는 립스틱과 비슷한 밝은 빨강의 입술 연고를 사용했다. 그 이전에는 화장용 크림이나 볼연지로 입술을 칠하곤 했다.

자크루이 다비드(Jacques-louis david)가 그린 나폴레옹 보나파르트의 초상화, 1812

프랑스 황후 조세핀의 초상화, 1830

25) 연한 향수의 일종 26) [화학] 비스무트, 창연(蒼鉛): 금속 원소. 기호 Bi

일본 게이샤(geisha) 인형

유럽 도처에 머리와 손에 사용하는 포마드가 쓰이고 있었다. 이 향기 나는 기름 혼합물은 머리를 차분하게 할 뿐만 아니라 밤에는 손을 부드럽게 만들었는데, 연고가 들어있는 장갑을 자는 동안에 착용하여 손을 부드럽고 매끄럽게 했다.

동양과의 무역은 게이샤와 다른 아시아 미인의 이미지를 빅토리아 여왕 시대 여성들에게 전해 주었다. 그들은 이러한 이국적 스타일에서 영감을 받은 의상을 입고 파티에 참석했다.

19세기 말을 향해 가면서 화장품은 매우 풍족했고 대부분 계층의 여성들이 쉽게 구할 수 있었다. 이때의 여성들에게 화장품 사용은 중요한 일상이 되었다. 화장품은 시선을 끄는 포장과 재치 있는 광고 슬로건들과 함께 완벽하게 상업화한 상품이 되었다. 1886년도에 헤리어트 허버드 아이어(Harriet hubbard ayer)는 유명인사 릴리 랭트리(Lillie langtry)가 추천한 유명한 크림을 선보였다. 1890년대에 헬레나 루빈스타인(Helena rubinstein)은 어머니의 피부용 크림을 위한 레시피를 갖고 호주로 갔다.

흰색 메이크업 베이스와 나무 손잡이가 달린 도포용 붓

영국 배우 릴리 랭트리(Lillie langtry), 1900년경

Historical TIMELINE 시대적 타임라인

1900년 ~ 1918년

헬레나 루빈스타인(Helena rubinstein)은 미용실을 열고 콜드크림, 수렴제, 배니싱 크림과 같은 친척의 제조법을 사용했다.

1900년

에드워드왕조시대(Edwardian)의 미인은 관능적이었다. 그녀들은 둥근 형의 얼굴과, 파우더와 볼연지를 두껍게 발라서 흰색과 분홍빛이 도는 안색을 뽐냈다.

1902년

찰스 다나 깁슨(Charles dana gibson)은 그 시기의 이상적인 여성을 표현하는 깁슨 걸을 그렸는데, 머리는 곱슬거리게 해서 핀으로 고정시켜 올렸다. 피부는 진주로 만든 파우더인 블랑드페를(blanc de perles)로 밝게 했으며, 의상은 날씬한 허리를 강조했다.

1903년

리차드 허드넛(Richard hudnut)은 미국에서 뒤바리(dubarry) 브랜드를 만들었다 이 브랜드의 이름은 여성성의 정수를 풍긴다고 갈려진 잔느 뒤바리 백작부인의 이름을 따서 지었다.

1904년

루스마우러(Ruth maurer)는 마리넬로사(marinello company)를 창립하였는데, 훗날 이 회사는 프랜차이즈 미용학교를 설립한다.

1905년

이 시대의 가슴은 굉장히 중요한 패션이었다. 가슴골에 그림자를 그려주거나 혈관처럼 보이는 파란 색을 이용해 가슴에 혈관을 그려 가슴을 부각 시키는 것이 유행하였다.

1906년

식약법(the food and drug act)은 화장품에 들어있는 구성성분이 무엇인지를 확실하게 밝힐 것을 요구하였고, 밝히지 못할 경우 금지품목으로 지정하도록 하였다.

1908년

맥스 팩터(Max factor)는 로스앤젤레스에 영화 산업을 위한 메이크업 스튜디오를 열었다. 스튜디오는 인모를 사용한 가발을 만들었다.

1909년

신문에서 폼페이식 피부 크림을 광고했다.

1910년

질레트사(the gillette company)는 안전한 면도기를 광고하면서 남성들이 스스로 면도할 수 있다고 홍보하였다.

1912년

여성의 핸드백에 립스틱, 아이브로펜슬, 작은 향수병, 흰색, 살색이나 밝은 황갈색의 압축 파우더가 담긴 금 또는 은 콤팩트 등이 들어 있었다.

메리 픽포드(Mary pickford)

1914년

제1차 세계대전이 여성의 헤어스타일을 긴 머리에서 짧은 머리로 바꾸었는데, 공장에서 일할 때 긴 머리는 실용적이지 못할뿐더러 위험했기 때문이었다.

티.엘.윌리엄스(T.L. Williams)는 메이블린(maybelline)사 를 창설했다.

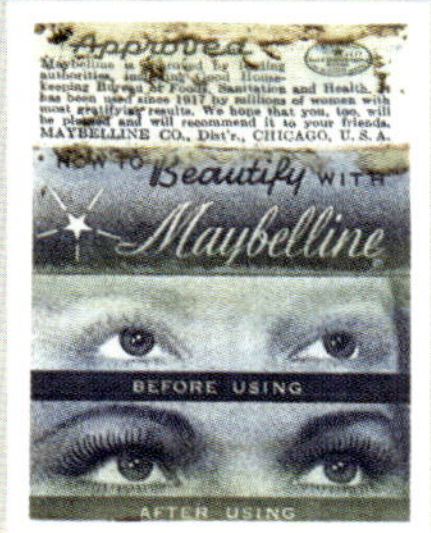

1915년

헬레나 루빈스타인(Helena rubinstein)은 뉴욕 5번가에 살롱을 오픈했다.

1916년

샬리마(shaㅣimar)향수가 소개되었다. 사향냄새가 나는 동양풍 향수인 샬리마는 이국적인 스타일과 의국패션을 향한 유행 대문에 인기가 많았다.

어떤 종류건 세면용품을 사용하는 미국인은 다섯 명 중 한 명뿐이었다.

도로시 그레이(Dorothy gray)는 뉴욕살롱을 설립했다.

1918년

일군의 아프리카계 미국인 투자자들이 카슈미르화학회사(kashmir Chemical Co.)를 설립하고, 아프리카계 미국인 소비자들을 겨냥한 브랜드인 나일 퀸(nile queen) 화장품을 만들었다.

눈 The eyes

눈은 영혼의 창일뿐만 아니라 강력한 의사소통의 수단이다. 간단한 곁눈질조차 눈길을 보낸 사람의 진정한 의도를 드러낼 수 있다. 오랜 세월 동안, 메이크업은 눈을 강조하는 중요한 역할을 수행해왔다. 눈 화장에 사용된 특정 색조, 유행, 스타일을 관찰하면 역사적 시대와 시기를 알아낼 수 있다. 콜 형태의 검은 색소와 마스카라는 수세기 동안 속눈썹, 눈꺼풀, 눈썹을 검게 하기 위해 사용되었다. 이집트인들은 눈썹을 다양한 방법으로 염색할 수 있었다. 매우 이색적인 혼합물로는 악어 서식지의 흙과 당나귀의 간을 염색약으로 물들인 것도 있었다. 콜은 일반적으로 공작석(malachite), 방연석(galena), 구리(copper), 망간(manganese), 철(iron), 납(lead) 으로 만들었다. 이런 광물들은 돌판에 갈아서 조개껍질이나 작은 석고 용기에 보관했다. 콜은 기름이나 지방과 함께 섞어서 다듬은 막대기로 발랐다. 램프 그을음은 집에서 초를 태운 후 그 불꽃에서 나온 검댕을 혼합하여 만드는 값싼 눈 화장품이었다.

1800년대에 털색이 옅은 사람들은 속눈썹과 눈썹을 어둡게 칠했는데 옅은 털색은 선천적 기형으로 간주되었기 때문이었다. 몇몇 사람들은 호두 겉껍질로 만든 털 염색약을 만들어서 옅은 색의 털을 밝은 갈색으로 염색했다고 알려졌다.

1910년에는 화장품이 가정 생산에서 상업적인 물건으로 변했다. 1909년에 런던 발레(london ballet) 공연에서는 진한 아이섀도와 마스카라 사용이 특종이었고, 이런 상품들의 빠른 판매량에 박차를 가했다. 상류계층 사람들은 눈 화장에 콜을 사용하는 것을 좋아했고, 아이섀도의 색을 옷 색상에 맞게 조화시켰다. 금색과 은색의 아이섀도 또한 밤에 사용할 수 있게 되었다.

러시아 무용수들이 무대에서 짙은 눈 화장을 한 것을 본 후, 엘리자베스 아덴(Elizabeth arden)과 헬레나 루빈스타인(Helena rubinstein)은 부유한 고객들을 위한 대담한 눈 화장품을 만드는 것에 고무되었다. 헬레나 루빈스타인은 그녀의 자서전에서 다음과 같이 말했다."나는 개인적으로 많은 실험을 해보았고 수많은 귀중한 교훈들을 무대의 스타들로부터 배웠다. 나는 나에게 배운 것들을 과감히 시도할 수 있는 몇몇 고객들에게 가르치기도 했다. 그들은 그 내용을 널리 알렸고, 나는 또 다른 아름다움의 벽이 곧 무너질 것을 알고 있었다." 러시아 댄서들처럼 패션에 영향을 주는 인물들과의 관계를 통해 그녀는 눈 화장과 관련된 금기의 시대를 허물어 버릴 수 있었다.

뚜껑 있는 콜(Kohl) 항아리, 기원전 1539년~기원전 1292년경

야자수 줄기 모양의 콜(Kohl) 그릇,
기원전 1400년~기원전 1225년경

이집트 동석(Steatite) 콜(Kohl) 항아리,
기원전 1539년~기원전 1292년경

1차 세계대전이 끝났을 무렵, 남자들이 사용하던 염색약인 마스카로(mascaro)는 이름이 마스카라로 변했고 속눈썹을 진하고 아름답게 하기 위해 다시 팔리기 시작했다. 스크린의 여배우들은 마스카라의 사용을 확산시키는 데 큰 역할을 했다. 그들의 표현력 있는 눈은 무성영화에서 감정을 전달할 수 있는 유일한 수단이었다. 마스카라를 통해 속눈썹을 길게 하는 것은 근접 촬영 시 사람들의 시선을 모으는 역할을 했다.

테다바라(Theda bara)는 헬레나 루빈스타인이 고안해 낸 진한 콜로 아이라인을 그린 첫 번째 인물이다. 그녀가 화면 안팎에서 항시 하고 다닌 짙은 아이라인은 그녀의 트레이드마크였다. 이러한 모습은 이 당시 너무나 혁명적이어서 모든 주요 신문들이 보도했다.

검정색 마스카라
고형 블록, 1920년대

테다바라(Theda bara), 미국 무성영화 배우, 1917년 사진

갈색 속눈썹 구슬 장식 왁스 화장품, 1920년대

1920년대에 맥스 팩터(Max factor)는 코스메디크(cosmetique)라고 불리는 마스카라를 발명해냈다. 그의 제조법은 할리우드 여배우 클라라 보(Clara bow)를 위해 특별히 발명되었으며, 얇은 호일에 감싸인 왁스 재질로 두꺼운 크레용 같은 모습을 하고 있었다. 이 혼합물은 조각을 내어 불에 녹인 후 오렌지 색상의 막대기를 이 뜨거운 왁스에 담갔다가 빼내 속눈썹을 올리는 방식으로 사용되었다. 왁스는 눈썹을 두껍게 해주었지만 스튜디오의 뜨거운 불빛 아래에서는 왁스가 변형되어 눈썹이 뭉치게 되는 문제가 있었다. 왁스를 지우려면 진하고(heavy) 차가운 크림을 이용해야 했다.

클라라 보(Clara bow), 헐리우드 영화 신진 여배우, 1920년대 사진

1923년에 컬래쉬(kurlash)라 불리며, 속눈썹에 컬을 넣어주는 도구가 발명되었다. 이것은 매우 비쌌으며 사용하는 데 많은 시간이 걸렸는데, 눈 한 쪽에 10분 정도가 소요되었다. 이 물건은 속눈썹에 컬을 넣어 얼굴에서 도드라져 보이게 해 주었으며, 처음 발명된 도구였기에 큰 인기를 끌었다.

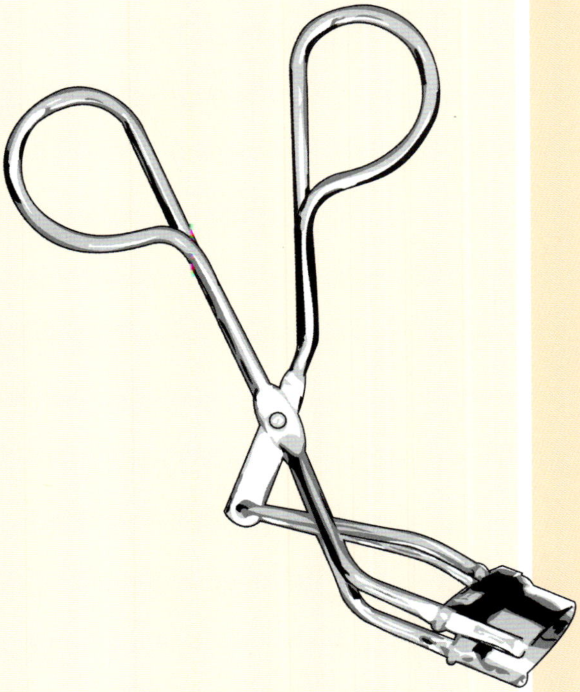

컬래쉬(kurlash) 속눈썹 컬링기, 1923년

1920년대의 아이브로펜슬은 목화씨 경화유를 사용한 새로운 제조법의 발달과 함께 인기를 끌었다. 이 새로운 재료는 감촉이 좋고, 부드럽게 말렸을 뿐만 아니라 몸에 해로운 박테리아를 차단해 주기도 했다.
아이브로펜슬과 마스카라는 많은 여배우들이 가장 좋아하는 아이템이었다. 그레타 가르보(Greta garbo)는 옅은 금발의 눈썹과 속눈썹을 마스카라와 아이브로펜슬로 그렸다. 그녀의 모습은 많은 여성들이 따라하고 싶은 선망의 대상이었다. 그녀는 궁극적으로 고전적이게 아름다운 얼굴을 가졌다고 평가 되었다.

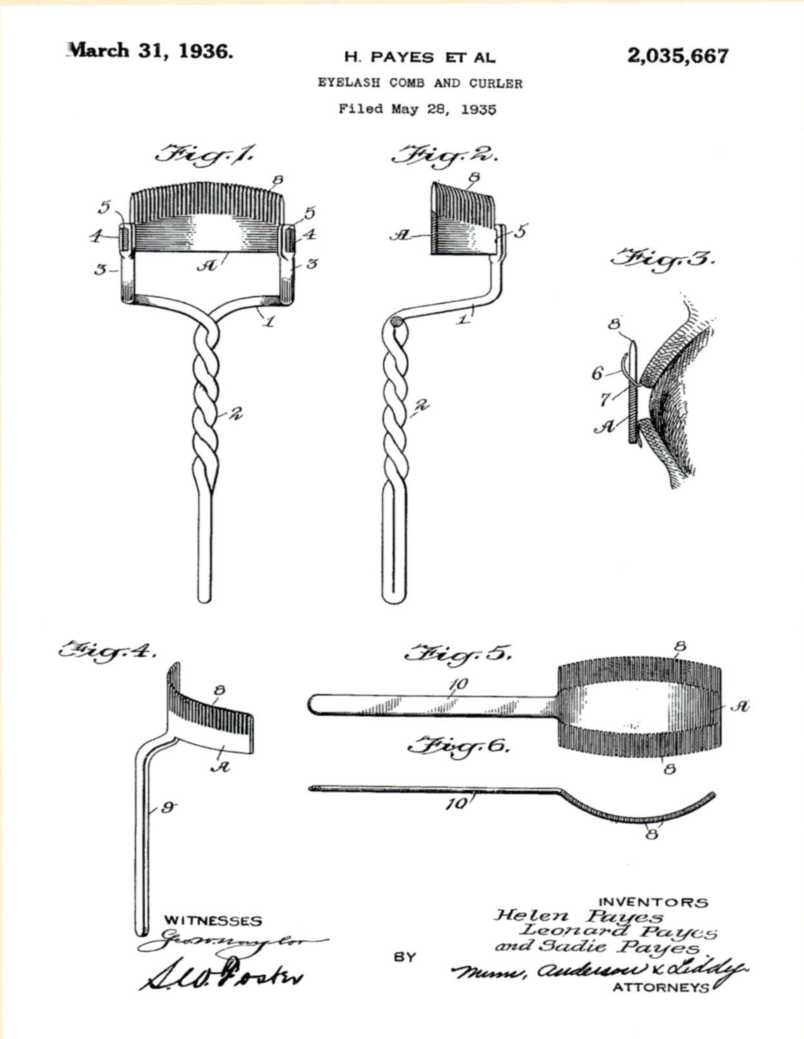

속눈썹 빗과 컬링 도구 특허, no. 2,035,667. H.payes, 1935년

플래퍼 룩(Flapper look)[27]은 1925년엔 이미 유행이 지난 뒤였다. 더 뉴 리퍼블릭(the new republic)[28]은 새로운 유행을 "죽은 듯 창백함과 붉은 입술, 그리고 동그란 눈"으로 묘사했다. 메이블린사의 창업자인 티. 엘. 윌리엄스(T. L. williams)는 그의 여동생인 마벨(Mabel)에게서 영감을 받아 고체 형태의 마스카라를 대중에게 판매했다. 그의 고체형 마스카라는 매우 인기가 있었으며 1930년에는 대부분의 싸구려 잡화점에서 판매되었다. 이 마스카라는 비누와 검은 색소로 이루어진 간단한 방식으로 구성 되었으며, 축축하고 단단하며 거친 브러시를 사용했다.

그레타 가르보(Greta garbo), 스웨덴출신 미국 영화 스타, 1930년대 사진

메이블린(maybelline) 마스카라 상자, 1932년

27) 1920년대에 자유를 찾아 복장, 행동 등에서 관습을 깨뜨린 젊은 여성들의 옷을 가리킴. 깃이 없고 소매 없는 짧은 드레스와 직선 실루엣, 진한 화장, 보브 헤어 등이 특징.
28) 미국 종합 시사 주간지, 정치, 경제, 사회 등 정보 수록

1936년에는 62%의 여성들이 마스카라를 정기적으로 사용했다. 불경기임에도 화장품 사용에 대한 욕구를 억누르지 못했다. 값싸고 새로운 상품들이 시장으로 쏟아져 나왔고 검소한 여성들에게도 여윳돈을 쓰게 했다. 화장품은 구직하는 여성들에게 필수품이 되어버렸다.

래쉬 코트(lash-kote) 검정 속눈썹 메이크업, 1950년대

메이블린 눈화장 광고, 1952년

메이블린(maybelline) 마스카라 상자, 1939년

1920년대 말에는 크림 마스카라가 소개되었다. 이 마스카라는 염색된 바셀린으로 만들었고, 적은 양을 튜브에서 짜내 브러시에 묻혀 사용했다. 타투(Tattoo)와 라릭 롱래시(Laleek Longlash)라는 두 개의 브랜드가 인기를 끌었다.

도로시 그레이(dorothy gray) 검정색 워터프루프 마스카라, 1940년경

타투(tattoo) 크림 마스카라 광고, 1940년대

1958년 헬레나 루빈스타인의 마스카라마틱(mascaramatic)이 나올 때까지 액체로 된 마스카라는 인기를 끌지 못했다. 마스카라 용기는 기다란 펜 모양을 하였으며, 끝은 홈이 파인 금속으로 만들어 눈에 발릴 마스카라를 담아내었다. 현대의 마스카라 용기와 가장 비슷한 제품의 특허는 1939년, 프랭크 L. 엥겔 주니어(Frank L. Engel Jr.)의 슈 블랙크닝 보틀 메커니즘(shoe blackening bottle mechanism)에게 주어졌다. 유감스럽게도 엥겔 씨는 그의 저작권으로 이윤을 얻지 못했다. 마스카라 봉에 대한 아이디어는 그의 권리가 만료된 1950년 말이 되어서야 출시되었다.

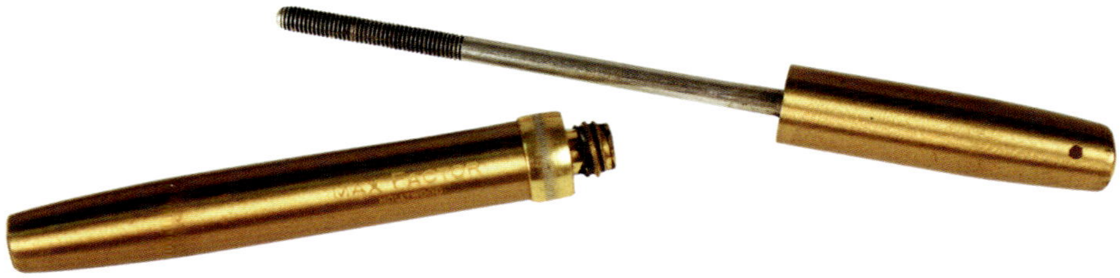

맥스 팩터(Max factor) 마스카라, 갈색/검정색의 털이 없는 막대, 금색 금속 통, 1958년

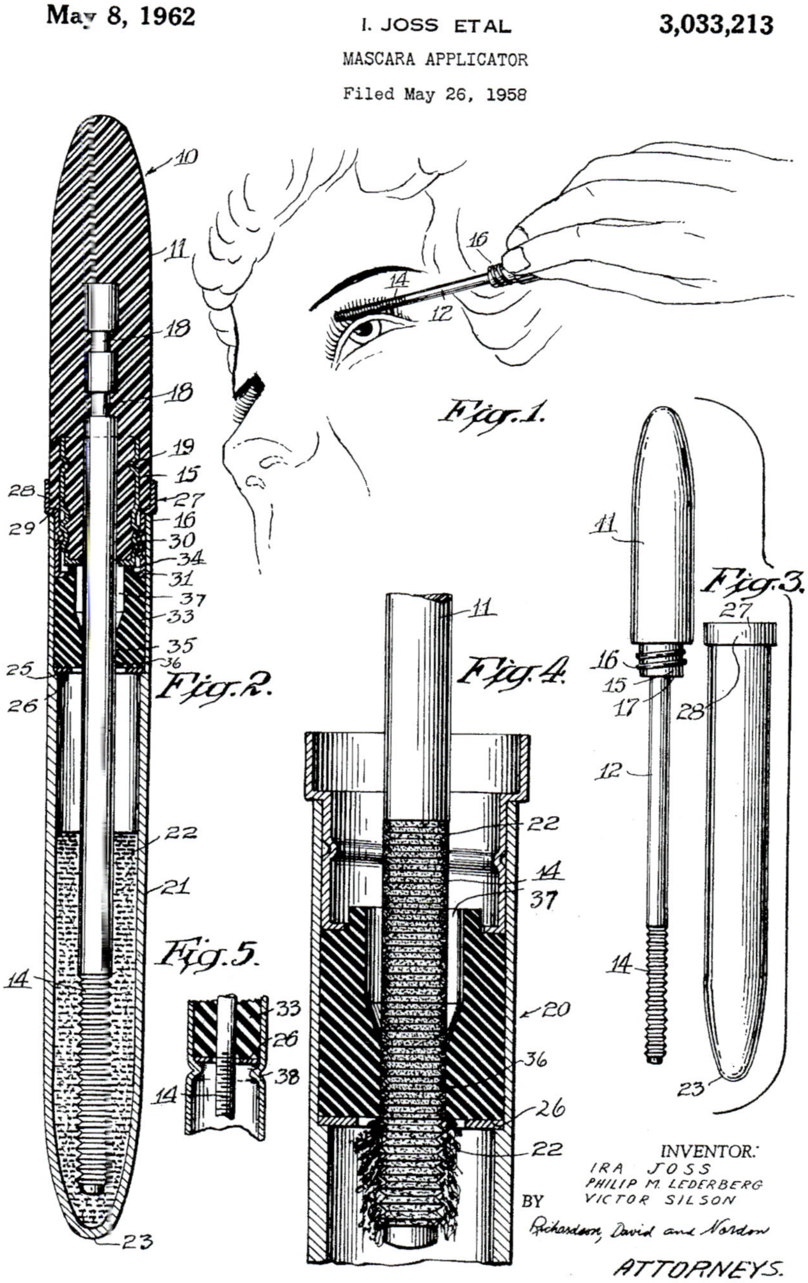

마스카라 도구 특허, no. 3,033,213. I. joss, 1958년

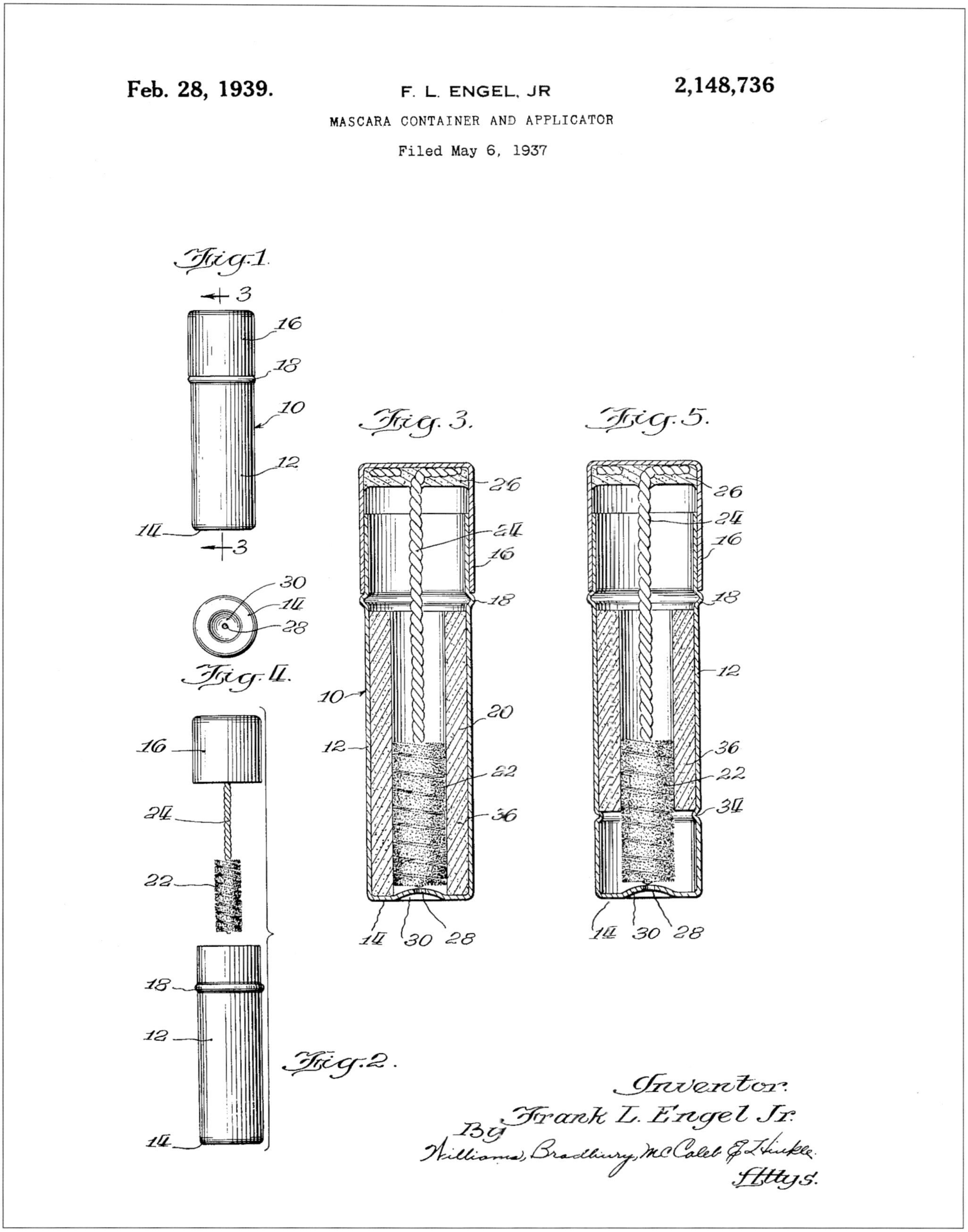

마스카라 용기와 도구 특허, no. 2,148,736. F. L. Engel Jr., 1937년

마스카라마틱(mascaramatic)의 도입에 따라 다른 많은 진취적인 아이디어들이 나왔으며, 이는 오늘 날 마스카라 봉의 발전에 도움을 주었다. 석유를 분해하여 만든 물질들의 발견은 마스카라를 만들기 위한 더 좋은 재료로 도움이 되었다. 새 용매들은 마르는 시간을 절약하여 액체 아이라이너와 같은 새로운 상품들을 만들어냈다.

1950년대 오드리 헵번(Audrey hepburn)의 눈 화장은 여성들로 하여금 더욱 더 새로운 모습에 도전하게 했다.

오드리 헵번(Audrey hepburn), 1950년대 사진

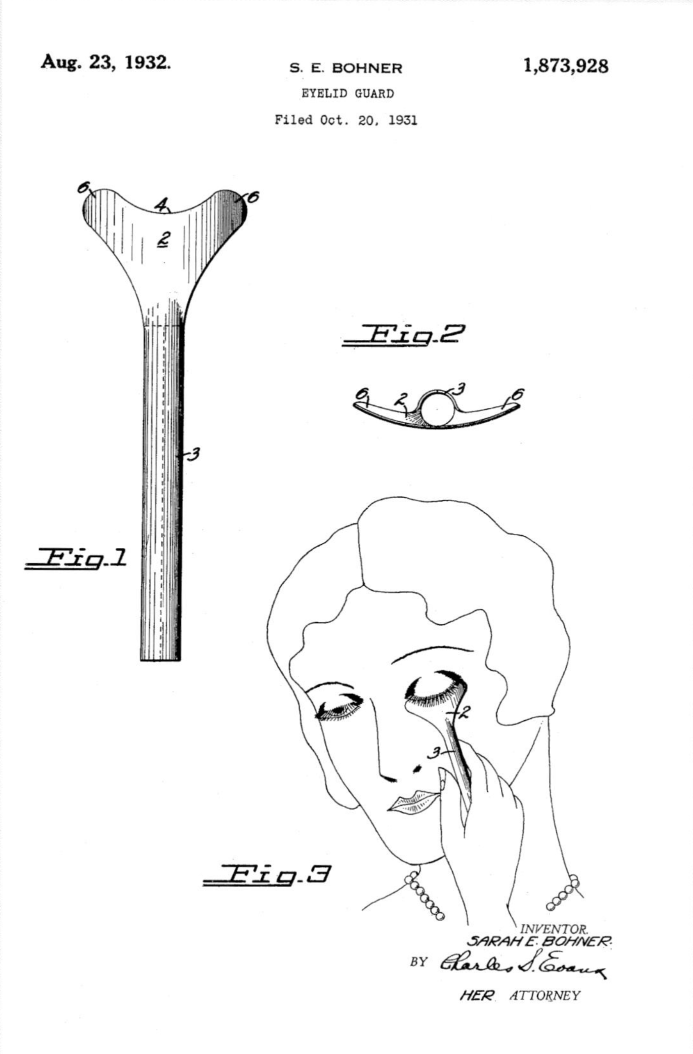

눈꺼풀 보호대 특허 no. 1,873,928. S. E. bohner, 1931년

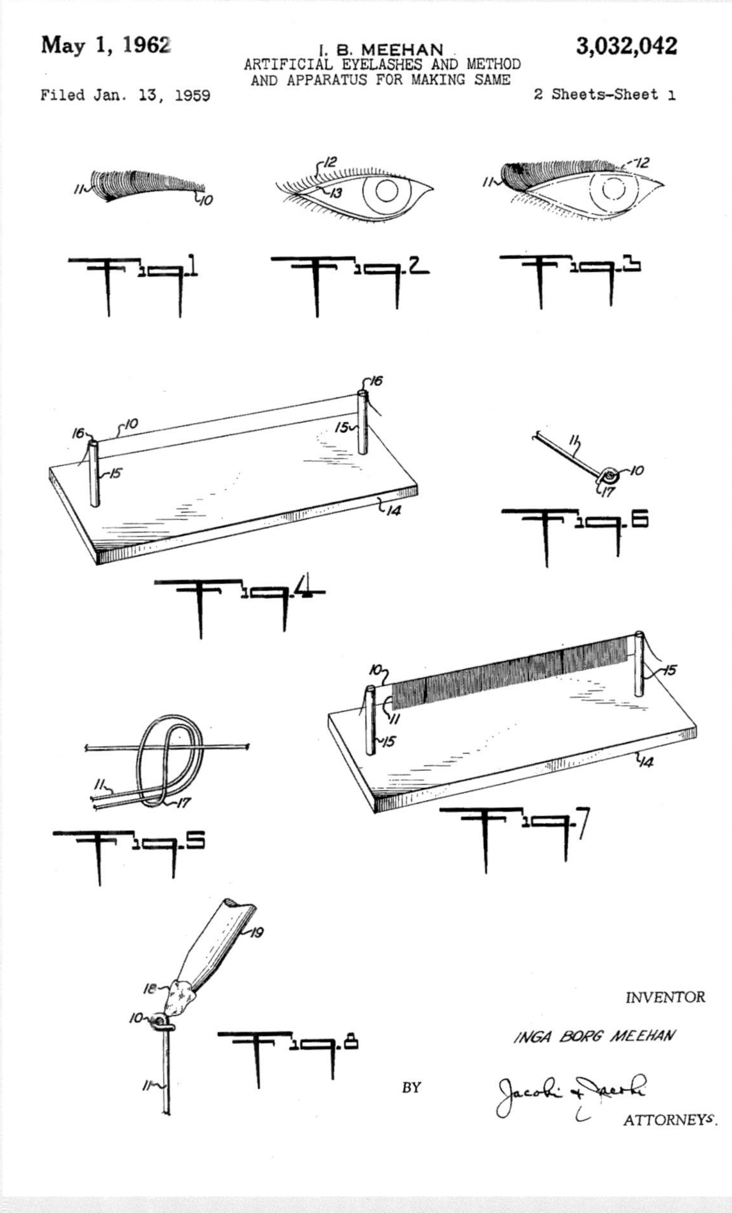

인공 속눈썹과 사용 방법, 그리고 동일한 특허 no. 3,032,042.를 획득한 기구들
I. B. meehan, 1962년

1971년 메이블린의 그레이트 래쉬 수성 마스카라(great lash water based mascara)가 시장에 소개되었다. 메이블린만의 독특한 그린과 핑크가 조화된 용기로, 이 제품은 여전히 시장판매 1위의 마스카라로 자리매김하고 있다.

맥스 팩터사가 1988년 최초의 무색 마스카라를 시장에 소개했는데, "화장을 하지 않은 듯한 메이크업"을 대중화 하는 데 중요한 역할을 했다.

1990년대부터 새로운 밀레니엄 시대가 펼쳐진 지난 10여 년간에 걸쳐 마스카라는 그 기능적인 면에서 훨씬 더 정교해졌다. 속눈썹을 위한 마스카라 제조에 볼륨감, 길이 등을 더하고, 컬을 만들기도 하고, 심지어는 속눈썹을 자라게 만드는 등의 다양한 기법들을 접목시키고 있다.

연구원들은 새르운 타입의 마스카라와 아이라이너 제품을 만들고자 대담하고 선명한 색료를 사용하여 보다 더 다양한 색상들로 진화 및 개발하고자 노력하고 있다. 워터 프루프, 메탈릭, 밝은 색상의 제품들은 소비자들에게 그들의 눈가를 돋보이게 하는 데 보다 다양한 선택을 할 수 있는 기회를 안겨주고 있다.

마스카라봉에 묻은 형형색색의 마스카라들

메이블린(Maybelline)의 그레이트 래시 마스카라(great lash mascara)는 1971년에 만들어져 지금까지 판매되고 있다.

깃털이 달린 인조 눈썹

크림 재질의 아이섀도

밝은 컬러(bright color), 깃털 또는 크리스탈을 이용한 새로운 디자인의 인조속눈썹이 눈에 판타지를 선사해 주었다. 이 새로운 디자인의 속눈썹은 마돈나와 크리스티나 아길레라와 같은 연예인들에 의해서 유명해졌다.

젤 타입의 아이라이너와 크림타입의 아이섀도는 펜슬타입이나 리퀴드 타입의 제품들처럼 얼룩지거나 벗겨지지 않아서 그 대체용품으로 사용된다. 색상은 중간색부터 화려한 형광의 네온 톤까지 갖추어져 있다. 이 제형의 또 다른 장점은 눈의 부기 완화, 그리고 착색이 하루 종일 그대로 유지된다는 점이라 할 수 있다.

눈에 바르는 화장품 파우더

마스카라 봉

브러시의 새로운 제조기술로 실리콘 형태의 브러시를 만들어 내면서 더 많은 제품 생산과, 좀 더 두껍게 마스카라를 바르는 것이 가능해졌다. "풍성한 속눈썹"은 더 크고 두꺼운 브러시와 더불어 매끄럽고 부드럽게 눈썹을 올릴 수 있는 방식의 조합으로 만들어졌다. 마스카라에 비타민과 모근 강화제가 함유되어 눈썹을 건강하게 유지시켜줄 뿐만 아니라 풍성하게 만들어주었다.

에스티 로더(estee lauder)의 오토메틱 크림 아이섀도(automatic creme eyeshadow) 광고, 1976년

엘리자베스 아덴(elizabeth arden)의 아이 픽스 프라미어(eye fix primer) 광고, 1984년

제조법은 더 간단해졌고 유익한 성분들로 구성되었다. 바로 신개념의 탄력적인 고분자 제조법이 속눈썹을 원래보다 더 풍성하고 길게 만들어 주는 마스카라를 만든 것이다. 그 외에도 속눈썹을 더 풍성하게 만들기 위해 실크 섬유를 첨가했다. 천연오일로 풍부함을 더했을 뿐만 아니라, 어떤 기능들은 글로시한 검은색으로 마무리감을 더했고, 반면에 다른 마스카라는 빨리 마르는 성분으로 매트한 스모키 블랙 스타일로 연출하였다. 아이 메이크업의 미래는 건강한 눈과 속눈썹을 추구함과 동시에 소비자들에게 매혹적인 색감들을 제공해 줌으로써 패션과 과학의 결합을 앞당겼다.

커버걸(cover girl)의 샤이니 섀도(shiny shadow) 광고, 모델 시빌 셰퍼드(Cybill shepherd), 1973년

유니비스(univis) 안경 착용을 위한 헬레나 루빈스타인(Helena rubinstein) 스타일 눈 화장, 1976년

아지자(aziza)의 눈 화장품 광고, 1986년

에스티 로더(estee Lauder)의 시그니처 오토메틱 펜슬(Signature automatic pencil) 광고, 1990년

위: 샤를리즈 테론(Charlize theron)
세계적인 영화배우, 2003년 사진

중간: 나오미 켐벨(Naomi campbell)
영국 슈퍼모델, 2008년 사진

아래: 키이라 나이틀리(Keira knightley)
영국 배우, 2007년 사진

입술 The Lips

입술 화장품은 모든 화장품 중 가장 널리 이용되었다. 보통 풀 메이크업을 하지 않는 여성들도 일반적으로 립스틱은 사용한다. 고대 문명 때부터 현대까지 역사 속 여성들은 입술 화장을 했다. 힌두교 신자들은 구장나무 잎(betel)을 사용하여 그들의 입술과 치아를 검게 하였고, 엘리자베스 여왕 시대의 사람들은 색조 석고 연필을 사용하여 입술 화장을 했다. 립스틱의 재료로는 건조 분쇄된 벌레 몸통, 코치닐(cochineal)[29], 밀랍, 올리브유를 사용했다.

루즈는 입술과 볼에 색을 넣는 데 사용했다. 이 상품은 인기가 많았고 재료를 구하기 쉬웠기 때문에, 루즈 크림이나 파우더를 만드는 제조방법들이 많이 존재했다. 미국 혁명이 발발하면서 애국자들이 영국 귀족들의 관습을 버리기 전까지는 남성들 또한 루즈를 사용하였다.

1860년 미국 최초 루즈 제조업체 중 하나인 샘슨 아메리칸(samson american)은 알카넷(alkanet), 테레빈유, 장미유를 사용한 루즈를 처음으로 만들었다. 이 루즈는 볼에 발라 건강한 모습을 표현해 준다고 광고되었다. 1867년 해리어트 피쉬(harriet fish)는 볼과 입술에 사용하는 루즈 패드의 특허를 냈다. 이것은 카민(carmine), 비트(beet), 딸기, 접시꽃 뿌리로 만들었다.

코네이션 레드(coronation red)사의 엔젤루스 루즈 인카넷(angelus rogue incarnat), 1935년

겔랑 루즈(guerlain rouge), 1840년경

1차 세계대전 때에는 화학의 발달로 인공적인 붉은색을 만들어 냈는데, 이는 색이 덜 짙어서 입술이 좀 더 자연스러운 모습으로 표현되었다. 이렇게 새로운 물감을 사용한 입술화장이 널리 알려져 전국적으로 자유롭게 사용되었다. 다양한 색상의 립스틱이 시장에 나오게 되면서 여성들은 자신의 의상에 맞춰 입술화장을 할 수 있었다. 1880년 즈음 겔랑(guerlain company)은 최초로 상업적으로 성공한 립스틱 중 하나를 생산했다. 이 립스틱 포마드는 그레이프 프루트에 버터와 왁스를 섞어서 만들었다. 다른 상인들도 질 낮은 상품으로 경쟁에 뛰어들었는데, 이 제품들은 피부를 자극하는 재료가 들어 있어서 두껍고 부자연스러운 입술로 보이게 만들었다.

L.T.피버(L.T.Piver)의 식물성 루즈(rouge), 1898년

29) 카민이라 불리기도 함. 중남미 사막의 선인장에 기생하는 곤충인 꼬지벌레의 암컷에서 뽑아 정제한 붉은 색소

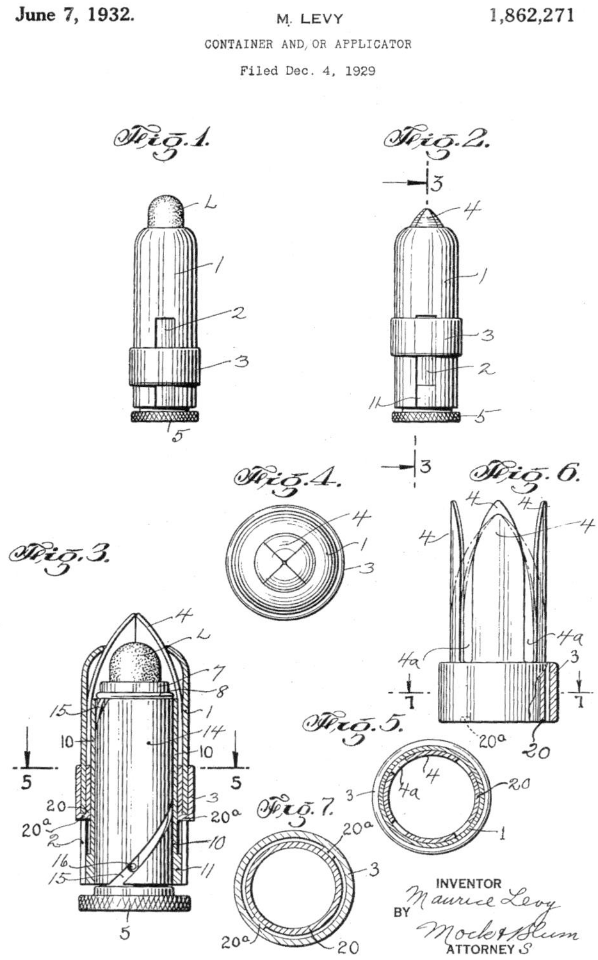

용기와 도구 특허, no. 1,862,271. M. Levy, 1929년

1924년에는 5천만 명의 미국 여성들이 립스틱을 사용했다고 추정된다. 1920년대에는 립스틱 하나의 가격이 10센트였다. 화장품의 사용이 더 이상 부유층 또는 무대 위 배우들만의 전유물이 아니게 되면서 계층 사회를 초월했다. 여성들은 입술 색상과 모양을 실험했다.

1915년 마우리스 레비(Maurice levy)는 최초로 금속 튜브에서 밀어 쓰는 립스틱을 디자인했다. 이전까지 입술에 바르는 색들은 병에 담기거나, 종이에 색을 입히거나, 종이 튜브에 담겨 있었다. 케이스에서 돌려 나오는 립스틱 용기는 1923년에 제임스 브루스 메이슨 주니어(James bruce mason jr.)에 의해 처음으로 특허권이 획득되었다. 메이슨 튜브라고 불린 이 립스틱 케이스는 케이스 바닥에 장식 나사가 있어서 그것을 돌리면 립스틱이 나왔다.

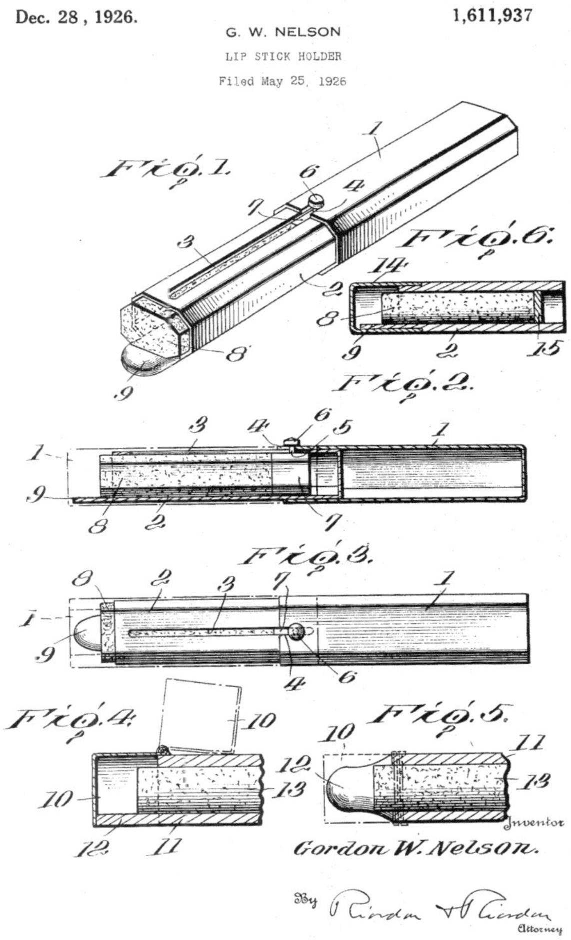

립스틱 홀더 특허 no. 1,611,937. G. W. Nelson, 1926년

상품의 대량 생산과 함께 화장품 회사들은 고객의 시선을 끌기 위하여 포장을 디자인했다. 소비재 디자인에 있어서 구매자의 시선을 끄는 것이 고려되었다. 립스틱은 상품 광고를 위해 포장 상자를 사용한 최초의 품목 중 하나였다.

2차 세계대전 중에 립스틱은 전장에 있는 여성 간호사들에게 소개되었다. 이 립스틱은 자외선 차단제를 포함했으며, 어려운 시기에 사기를 진작시키는 데 큰 공헌을 했다. 금속 케이스는 전시의 물자부족으로 인해 플라스틱이나 종이로 만든 케이스로 교체되었다. 전시 기간 동안, 경쟁사였던 제조회사들은 힘을 합쳐 립스틱과 기타 화장품들을 군수품 공장의 노동자들에게 공급해 주었다.

자연색 프린세스 팻(princess pat) 립스틱,
에나멜 금속 통, 1930년대 후반

탠지 레드-레드(tangee red-red) 립스틱 광고, 1941년

유니폼을 입은 여군 1940년대

퍼크 웨스트모어(Perc westmore)와 맥스 팩터(Max factcr)는 다양한 화장품으로 평범한 소녀들에게 할리우드의 마법을 전해준 선구자였다. 이 두 사람은 클라라 보(Clara bow)의 큐피드 화살 입술과 조앤 크로포드(Joan crawford)의 풍만한 입술처럼 그 시대의 얼굴을 대표하는 잘 알려진 얼굴 모습의 트렌드를 만들어낸 장본인이기도 하다. 탠지(tangee) 립스틱은 옷에 어울리게 입술 색상을 바꾸려는 어린 소비자들을 타깃으로 한 첫 번째 브랜드였다. 이 립스틱은 그 당시에 많이 사용하던 불투명한 입술 색상과 달리 자연스럽고 부드러운 느낌의 레드컬러였다. 탠지는 성숙한 여성으로 피어나는 소녀들에게 인기가 있었다. 하젤 비숍(Hazel bishop)은 1950년에 최초로 번지지 않는 립스틱을 선보였다. 이 립스틱은 광고처럼 키스할 때 지워지지 않는 립스틱은 아니었지만, 화장품 시장의 경쟁과 함께 화장품의 제조에 좀 더 혁신적인 변화를 가져왔다.

영국산 폰즈(Pond's) 미니 립스틱
1930년대 후반

거울이 달린 황동 립스틱 상단,
1930년경

윗줄, 왼쪽에서 오른쪽으로:

루비색의 부르주아 이브닝 인 파리(bourjois evening in paris) 립스틱, 황동 금속 통, 1930년경
내추럴 로즈(natural rose)색의 야들리(yardley) 립스틱, 플라스틱 꽃이 달린 황동 상단, 1930년경 후반

가운뎃줄, 왼쪽에서 오른쪽으로:

퍼슈에이션 로즈(persuation rose)색의 루시엔 르롱(lucien lelong) 립스틱, 회전식의 황동 통, 1930년경 후반
루비 레드(ruby red) 색의 햄프텐(hampden) 립스틱, 에나멜 금속 통, 1930년대 후반

아랫줄, 왼쪽에서 오른쪽으로:

폰즈(pond' s) "립스(lips)" 미니 립스틱, 에나멜 금속 통, 1930년경
로스(ross)사의 윙크스(winx) 립스틱, 에나멜 니켈 통, 1930년대 후반

클라라 보(Clara bow), 1920년대 사진

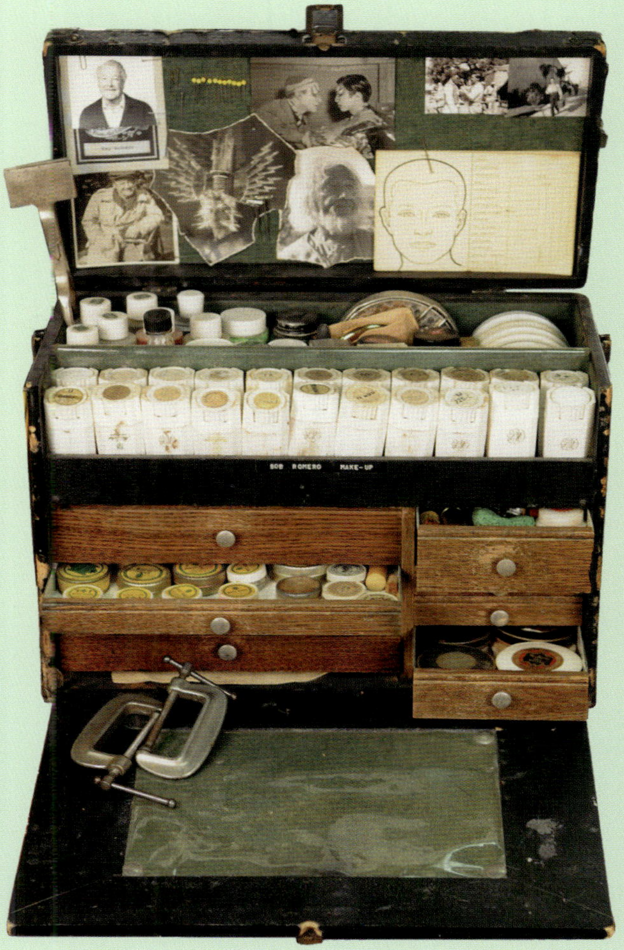

MGM 스튜디오 메이크업 부서의 첫번째 메이크업 견습생이며 1914년~1974년의 메이크업 예술가인 레이 로메오(Ray romero)가 소장하고 있는 할리우드 메이크업 세트

MGM 스튜디오 최초의 메이크업 의자 여섯개 중 하나, 1930년대

우드버리(woodbury)사의 라즈베리(raspberry)향 립스틱, 에나멜 상단에 금속 튜브, 1940년대

페르시안 코럴(persian coral) 색의 이리지스터블(irresistible) 브랜드 립스틱, 청동 튜브, 1940년대 후반

콜게이트(colgate)사의 캐시미어 부케(cashmere bouquet) 립스틱, 에나멜 금속 케이스, 1940년대 초

마로미스트(Mar-o-Mist)사의 엠버(ember) 색 핫립스(hotlips) 립스틱, 플라스틱과 주석 탄알 케이스, 1940년대 후반

1920년대부터 90년대까지 립스틱 기술의 초점은 잘 지워지지 않고 오랫동안 그 색을 유지하면서도 새로운 색상과 새로운 포장 방법을 립스틱에 접목시키는 것에 맞춰져 있었다. 초창기에 출시된 립스틱만 하더라도 내구성이 그다지 좋지 않았다. 이전의 색조 왁스 스틱은 잦은 사용으로 인해 각양각색의 촉감으로 변했기 때문이다. 새로 나온 여러 색상들이 다목적으로 좀 더 매끄럽게 적용되는 방식으로 입술과 볼에 사용되었다. 립스틱은 투명하고 반짝이는 마무리감과 좀 더 가벼운 재질로 구성되었다. 립스틱은 마커 타입[30]으로 입술에 바르면 자연스러운 붉은 색상의 느낌을 주었다. 1980년대부터 90년대까지, 제조회사들은 박하를 첨가하여 립스틱을 바를 때마다 상쾌한 느낌을 주었으며 몇몇 혁신 제품들은 여러 색상과 함께 입술의 촉촉함을 유지하였다. 또한 무광택 마무리감으로 색상이 좀 더 오랫동안 지속되고, 투명한 색상에 보습효과 및 자외선 차단 효과까지 겸비하여 기존의 립스틱의 기능에서 한 단계 더 뛰어넘어 발전하였다.

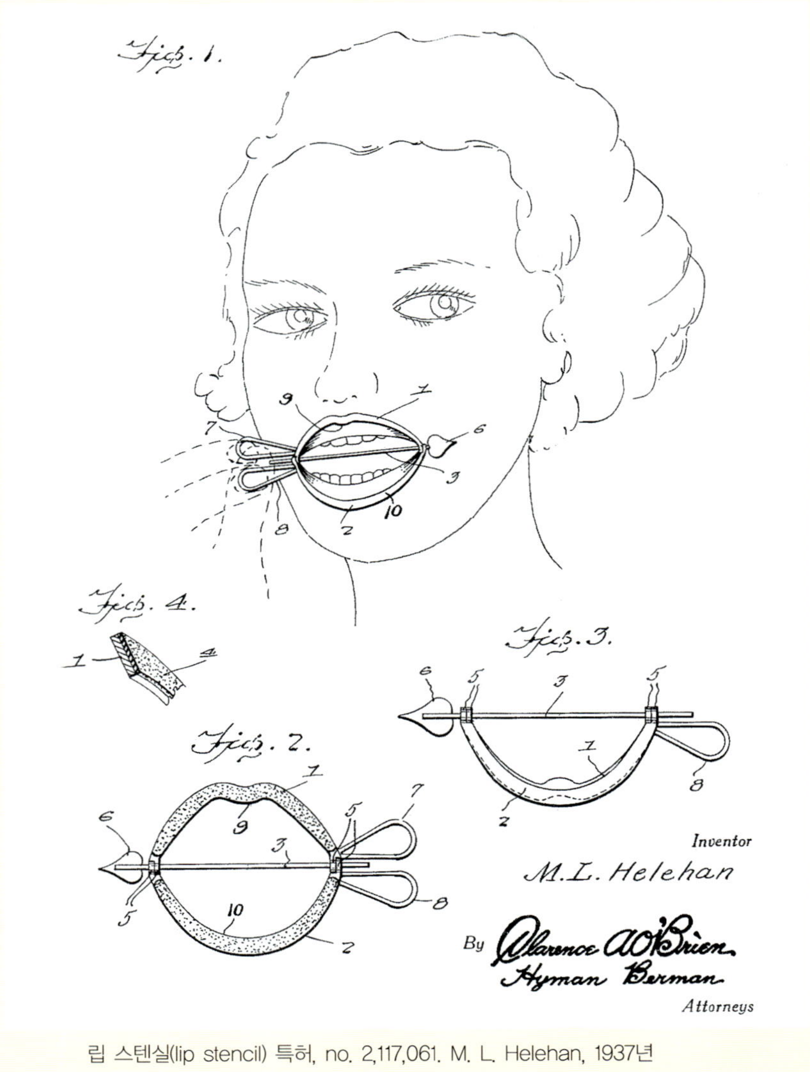

립 스텐실(lip stencil) 특허, no. 2,117,061. M. L. Helehan, 1937년

30) 매직처럼 두꺼운 형태

에이본(avon)사의 다양하게 변하는 블로섬(blossom)색상 립스틱 광고, 1960년 경

커버걸(cover Girl) 약용 립스틱 녹스제마(noxzema) 광고, 1964년

커버걸(cover girl)의 샤이니(shiny) 투명 립스틱 광고, 1966년

상단 좌측부터 시계방향으로:

에스티 로더(estee lauder)의 차분한 샌드 베이지(sand beige) 색 립스틱, 1984년

맥스 팩터(Max factor)의 어스링스(earthlings) 립스틱 광고, 1972년

커버걸(cover girl)의 립 브러시(lip blush) 립스틱 광고, 모델 셰릴 티그스(Cheryl tiegs), 1982년

맨레이와 제임스(Menley & James)가 설립한 러브(love)화장품의 러브스틱 컬러 글레이즈 광고, 1972년

커버걸의 지속적인 컬러 셀프 리뉴잉 립스틱 광고, 모델 니키 테일러, 1996년

1990년대에는 호호바, 캐스터, 코코넛, 로즈힙, 해바라기등의 오일들로 구성된 천연 성분들이 만들어졌다. 다른 제품엔 코코아 또는 시어버터, 밀랍, 그레이프푸르트, 딸기, 체리 추출물이 사용되었다. 립스틱은 이러한 새로운 성분들로 인해 단단하고 왁스 같은 예전의 립스틱보다 훨씬 부드러웠다. 또한, 식물성 착색제를 사용했기 때문에 색소가 너무 어둡거나 너무 밝지 않은 선명하고 또렷한 색을 띠게 되었다. 90년대 말부터 2010년경까지 립스틱의 목적은 단순히 입술에 색을 넣는 것을 넘어 그 이상을 의미하게 되었다. 건강하고 부드러우며 육감적인 입술을 유지하기 위해, 입술을 통통하게 하는 성분, 콜라겐, 비타민, 자외선 차단제와 기타 약용 화장품 성분을 립스틱에 함유하게 되었다.

엘리자베스 아덴 브랜드의 립 스파 립스틱 광고, 1992년

2000년대에 들어 립스틱의 지속력은 훨씬 향상되었다. 지저분하게 번지거나 얼룩졌던 이전의 립스틱 제형과는 달리, 입술에서 오랫동안 지속력을 유지하게 되었다. 맥스팩터(Max factor)는 별도의 탑 코트로 밀봉된 액체 타입의 립스틱인 립피니티(lipfinity)를 출시했는데 거기에는 8시간이나 지속되는 반영구적인 색인 페르다 톤(perma tone)이 포함되어 있었다.

2005년 가을, 메이블린(maybelline)은 립피니티와 유사한 두 가지 체계를 가진 슈퍼스테이(superstay) 립스틱을 출시했다.

여성의 신체 중 가장 매력적으로 어필할 수 있는 입술을 더 아름답게 보이고자 하는 똑똑한 소비자들은 립스틱의 질감, 광택감, 또한 성분에 관한 무한한 선택을 할 수 있게 되었다. 오늘날 립스틱은 확실히 현대 여성들이 가장 좋아하고 인기 있는 화장품이기 때문에 립스틱 케이스에 대한 수백 개의 특허와 혁신적인 립스틱 제형들이 존재하며 앞으로도 이러한 발전들은 계속될 것이다.

맥스 팩터의 립피니티(lipfinity) 립스틱 광고, 2003년

얼굴 The Face

3000년 이상의 시간 동안 피부 노화에 대한 관심은 매우 높았다. 고대에는 마스크가 클렌징과 피부의 수분을 유지하는데 사용되었다. 이집트인들은 항염 효과가 있다고 알려졌던 유향 기름으로 주름방지 크림을 만들어 사용했다. 노화된 피부의 수분을 유지하기 위해 만들어진 걸쭉한 크림은 수지(resin), 왁스(wax), 기름, 풀, 그리고 식물의 즙으로 만들었다. 우유로 목욕을 하면 우유 안에 있는 젖산이 죽은 피부를 제거하고 건강한 새 피부층이 나올 수 있게 해주는 필링 효과가 있어서 피부를 깨끗하게 해준다고 믿었다.
각질제거제(scrubs, 스크럽)는 로마 시절에 피부의 표면을 다듬기 위해 널리 사용되었다. 이것은 씨앗, 붓꽃 뿌리, 그리고 꿀을 사용해 만들었다. 전분과 달걀로 만든 얼굴 팩은 피부를 탄력 있고 젊게 유지시켜 준다고 믿었다. 몇몇 여성들은 악어의 분비물로 피부를 유지하기도 했다.
중세시대(medieval times)에는 허브와 연고가 추위로부터 피부를 지키는 데 사용되었다. 비누는 매일 쓰는 세안제 보다는 의학적 용도로 사용되었다.
중세(middle Ages)에는 화장품 제작을 집에서도 할 수 있었다. 여성들은 밀을 이용하여 하얀 얼굴 메이크업을 했다. 카스티야(castile) 비누는 부유층이 사용하는 고급스러운 미용비누였다.

16세기와 17세기에는 주근깨 '치료제' 들이 많이 나왔고, 마술과 같은 얼굴용 크림들이 넘쳐났다. 월계수 기름, 장군풀, 향신료, 포도주로 만들어진 토너는 순회 판매원들에 의해 판매되었다. 레몬주스와 달걀은 얼굴 마스크로 사용되었으며, 달걀 흰자는 탱탱하고 빛나는 피부를 표현할 수 있는 파운데이션으로 사용되었다. 다른 가정치료제로는 튼 손을 부드럽게 하고 얼굴의 반점들을 연하게 하는 혼합물이 있었다. 세안 크림은 부드러운 비누를 연마제와 아스트린젠트(astringent)를 섞어 만들었다. 이러한 크림에 넣는 재료로는 피부를 박피하고 여드름을 말라붙게 하기 위해 설탕, 붕사(borax)[31], 그리고 장뇌(camphor)[32]가 인기를 끌었다.
18세기에는 향기로운 액체와 얼굴 토너의 사용이 특징적이다. 향기로운 오일, 경랍(spermaceti), 왁스를 장미향수와 용연향(ambergris)[33]과 섞어 만든 콜드크림은 흔히 쓰이는 화장품 이었다. 집에서 만들 수 있는 화장품들 중에 피부를 밝게 해주는 다른 제품들은 명반(alum)과 달걀흰자로 만들어

31) 사붕산나트륨 10수화염으로 온천의 침전물. 붕산이나 붕규산 유리 · 특수 유리, 도자기의 유약(釉藥) 원료, 의약품 · 화장품 · 세제 등에도 사용된다.
32) 의약품 · 비닐 제조 · 좀약 등에 쓰이는 하얀 물질
33) 용연향(龍涎香): 향유고래의 창자에서 얻는 향료

졌고, 송아지 뼈를 끓여 만든 얼굴크림을 오드보(eau de veau)라고 불렀다.

대부분의 피부미용 제품들은 동물의 지방이 포함되어 있어서 차가운 곳에 보관하여 상하는 것을 방지해야 했다. 이러한 제품들의 오일 성분은 얼굴에 발랐을 때 바로 상해버리곤 했다.
산성의 박피제는 1870년대에 매우 흔했고, 탄산을 사용하는 페놀 박피제는 피부를 부드럽게 만들어 준다고 믿었다. 1880년에는 스키닝(skinning)이라고 불리는 박피가 살롱과 규제되지 않는 개인 집에서 행해졌다.

19세기와 20세기에는 여성 소비자들이 많은 화장품을 접할 수 있게 되었다.

해리어트 허버드 아이어(Harriet hubbard ayer)는 여배우 릴리 랭트리(Lillie langtry)의 도움으로 자신의 얼굴 크림을 가장 먼저 상용화한 사람 중 한명이다.
헬레나 루빈스타인(Helena rubinstein)은 그녀의 크림을 폴란드에 사는 그녀 어머니의 레시피로 만들어 판매했다. 폰드사(pond's company)는 부패를 막는 미네랄 기름 베이스의 기술혁신과 함께 성공적으로 배니싱 크림을 상용화했다.

1920년대에는 생기 넘치는 신여성들에 의해 젊음에 대한 관심이 매우 높아졌고 화장품 회사들은 젊은 모습을 약속하는 새로운 제품들을 내놓았다.

본실라 뷰티파이어(boncilla beautifier) 크림 광고, 1923년

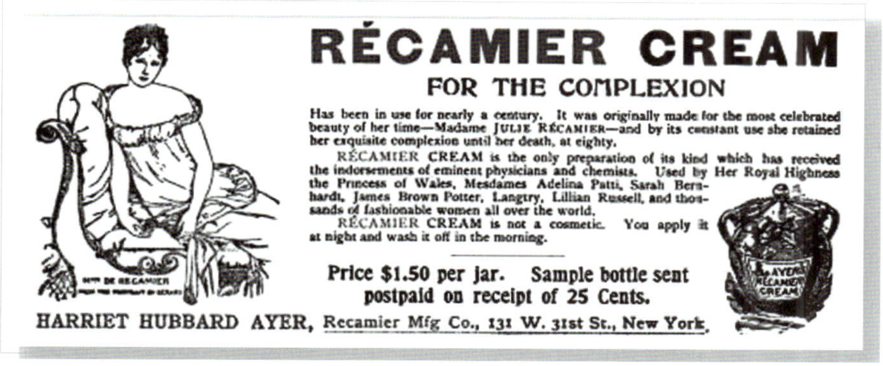

해리어트 허버드 아이어(Harriet hubbard ayer)의 리케미어(recamier) 크림 광고, 1890년대 후반

해리어트 허버드 아이어(Harriet hubbard ayer)의 메이크업 용기 세트(얼굴 파우더, 파운데이션, 크림), 1930년

폰즈(Pond's)의 배니싱 크림(Vanishing Cream), 1915년

엘리자베스 아덴(Elizabeth arden)의 전기 패터와 퍼펙션 크림(electric patter and perfection cream), 1947

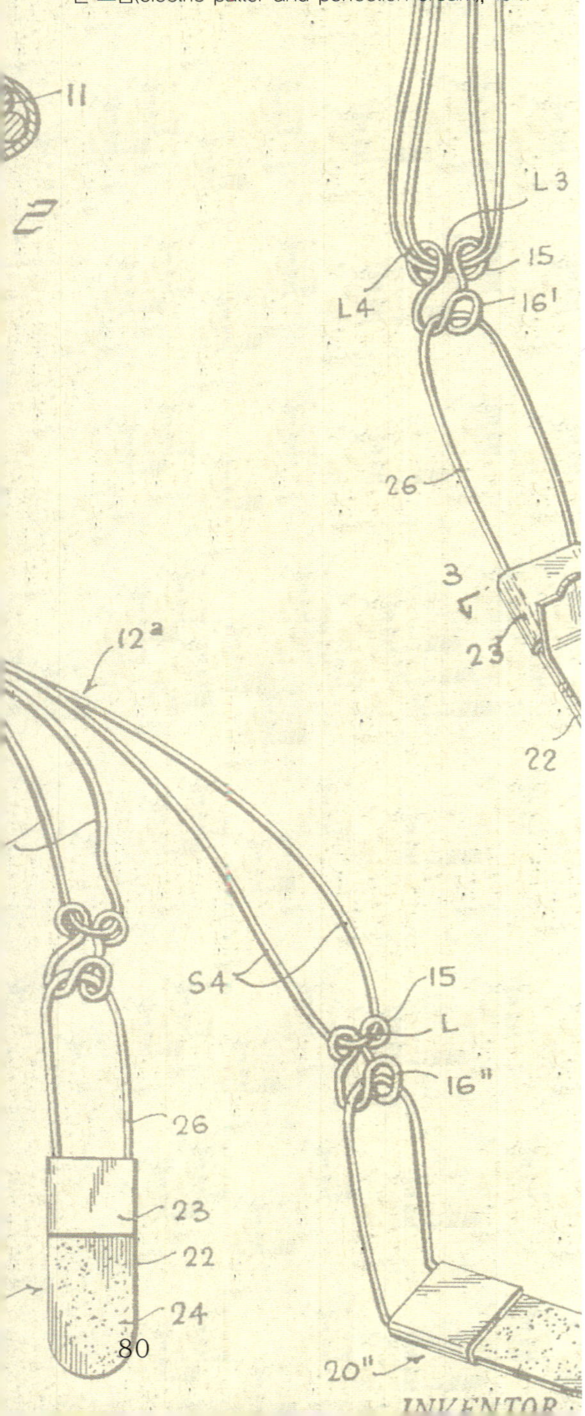

전기의 발견은 화장 기술에도 영향을 미쳤고, 1930년대에는 미용실에서 피부의 탄력을 복원해주는 진동 극초단파 전류를 이용하여 얼굴을 관리했다. "분비물을 늘려주며", "신경계를 안정시켜 준다"고 광고한 바이올렛 레이(violet ray)를 포함하여, 이런 용도의 기계가 많이 발명되었다. 피부를 개선하기 위한 또 다른 미용실 제품들이 개발되었다. 이 중에는 아덴 유스 마스크(arden youth mask)라는 종이 마스크가 있었는데, 이 마스크는 얇은 금속박편이 달려 있어서 이것이 기기와 연결되어 낮은 수준의 극초단파 에너지를 공급해 주었다. 아덴 배스(arden bath)라고 불린 뜨거운 왁스 목욕은, 몸의 불순물과 독성을 제거하기 위해서 몸에 뜨거운 왁스 혼합물을 바르고 파라핀 종이를 감싸고 행해졌다. 1900년대 초, 페이스 리프팅 시술은 부분 마취로 행해졌는데, 항생제를 사용하지 않았기 때문에 종종 상처가 감염되는 결과를 초래했다. 헐리우드 리프팅(hollywood lift)과 같이 다른 일시적 리프팅 기술은 고무줄, 풀, 그리고 실과 같은 여러 장치들을 사용하여 피부를 고정시키는 것이었다.

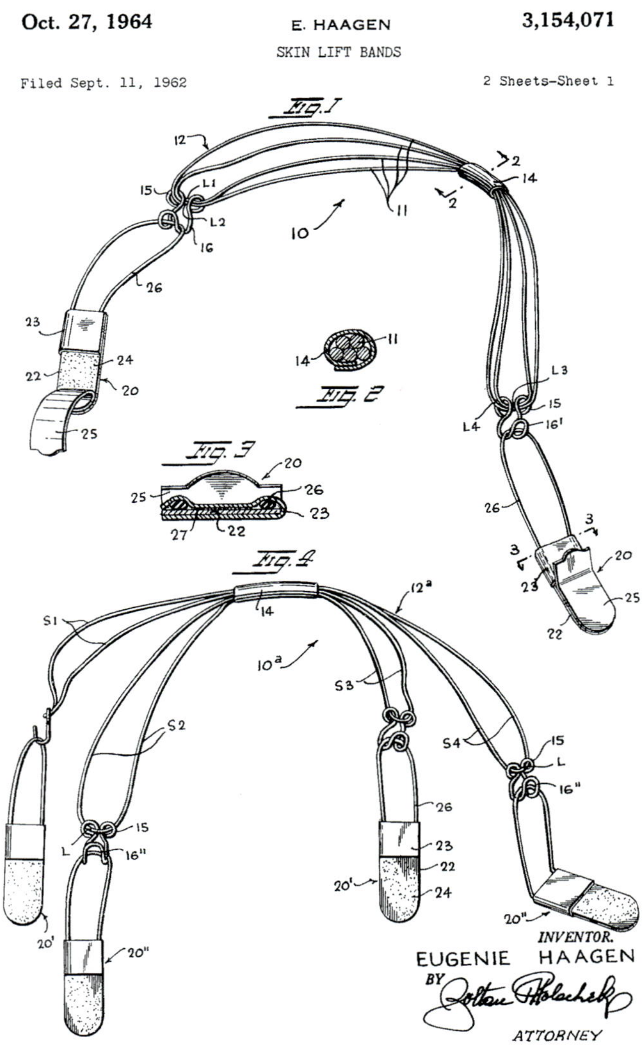

스킨 리프팅 밴드 특허, no. 3,154,071. E. Haagen, 1962년

1950년대 말에는 수술 기법이 많이 발전을 했고, 현대 의약을 사용하여 보다 안전하고 효과적으로 수술이 행해졌다. 유명 인사들이 수술을 선도했고, 대중들이 뒤를 이었다. 1960년대에는 중산층들도 수술을 선택할 수 있었고, 완벽함을 추구하려는 주부들의 수술이 받아들여지게 되었다.

필립스(Phillips) 사의 마그네슘 클렌징 크림, 스킨 크림, 그리고 텍스처 크림, 흰 유리병에 금속 뚜껑 1930년대 후반

프린세스 팻(princess pat) 브랜드의 레몬-아몬드 로션, 유리병, 1930년대 후반

팔머(Palmer)의 "스킨-석세스(skin-success)" 연고, 1940년경

뒤바리(dubarry)의 뷰티 프레퍼레이션(beauty preparations) 광고, 1940년대

더메틱스(dermetics)의 에이지리스(ageless) 뷰티 프로그램 광고, 1944년

헐리우드 엑스트라(hollywood extra) 브랜드의 시에트리컬 클렌징 콜드 크림(theatrical cleansing cold cream), 1939년

"복숭아와 크림"같은 피부는 1950년대 스킨케어 트렌드였다. 화장품 시장에서 우위를 독점하기 위해, 파운데이션과 압축 파우더는 부드럽고, 여성스러운 스타일로 광고되었다. 팜올리브 바(palmolive bars)는 효과적인 피부 클렌저로 판매되었다. 장뇌, 멘톨, 유칼립투스 성분이 함유된 노그제마(noxzema)의 콜드크림은 상쾌하면서 따끔거리는 느낌을 주었다. 이들의 주 경쟁사는 알볼린(albolene)이었으며, 페이셜 클렌저와 메이크업 리무버는 여성들에게 인기가 많았다. 폰즈(pond' s)의 크림은 주요 보습제로 라놀린을 함유했는데, 라놀린은 양의 피지선에서 분비되는 밀랍 형태의 황색 유화제다.

도로시 그레이(dorothy gray) 크림 광고, 1936년

뒤바리(dubarry) 뷰티 앵글 트리트먼트
(beauty angle treatment) 광고, 1937년

저겐스(Jergens)의 다목적 얼굴 크림 광고
글로리아 스완슨(Gloria swanson) 출연, 1952년

폰즈(pond' s)의
건성 피부 크림 광고, 1956년

에이번(Avon)의 클렌징크림 광고, 1947년

1960년대에는 다양한 단계의 스킨케어 체계가 구축되었는데, 보습제, 토너, 클렌저가 그 체계에 속했다. 비타민 E가 함유된 엘리자베스 아덴의 에이트 아워 크림(eight hour cream)은 바셀린 성분과 피부를 진정시켜 주는 베타-하이드록시 성분을 사용한 최초의 제품이었다. 투시 메디케어(tussy medicare)는 여드름 퇴치를 위한 3단계 키트인데, 딥 클렌징 마스크, 토너, 메디컬 로션으로 구성되었다.

1970년대에는 유기농 제품에 대한 소비자들의 요구가 증대됨에 따라, 이를 위해 천연 성분들이 화장품에 접목되기 시작했다. 크리니크(clinique)는 과학적으로 권위 있는 이미지의 화장품 브랜드로 부각되었다. 크리니크사의 순백의 메이크업 카운터에서는 흰 가운을 입은 직원들이 근무했다. 소수민족과 남성들을 위한 더 많은 스킨케어 제품들이 개발되었다.

폰즈(pond' s)의 콜드크림 광고, 1960년

레브론(Revlon)의 문 드롭스 언더메이크업 모이스처 필름(moon drops under makeup moisture film) 광고, 1976년

1980년대부터 스킨케어 화장품에 콜라겐을 포함한 다양한 추출물들을 넣기 시작했다. 최초 노화 방지 스킨케어 제품은 1980년대 후반 등장했다. 1세대 노화 방지 스킨케어 제품들에 리포솜 성분 전달 시스템이 사용되었다. 이 제품들은 피부를 탱탱하고 부드럽게 하고 주름을 줄여준다고 광고되었다.

레브론(Revlon)의 유러피안 콜라겐 콤플렉스 뷰티 크림(european collagen complex beauty cream) 광고 1984년

에스티 로더(estee lauder)의 스위스 퍼포밍 엑스트랙 로션(swiss performing extract lotion) 광고, 1986년

1990년대에는 보습과 피부 보호를 위해 비타민을 포함한 다른 성분들을 사용하였다. 이들 중 가장 중요한 성분인 알파 하이드록실산(AHA)은 노화방지 스킨 제품에 최초로 등장한 성분이었다. 비타민 B군과 주요 지방산들뿐만 아니라 비타민 A, C, E가 조기 노화 방지에 뛰어난 도움을 주는 것으로 밝혀졌다.

크리스찬 디올(christian dior)의 바이탈마인 모이스처라이저(vitalmine moisturizer) 광고, 1999년

레브론(Revlon)의 이터나 '27' (eterna '27')나이트 크림 모델 로렌 허튼(Lauren hutton), 1991년

2000년대 들어서면서 레티놀, 히알루론산을 피부 보습제에 함유시켜 더 효과적인 기능을 만들어 내었고, 나노 입자로 피부 속 깊숙이 침투시켜 노화를 늦춰줌과 동시에 피부 세포를 보호해 주었다. 제조업체들은 피부 세포를 '충전' 시켜 주기 위해, 산화 방지제, 자외선 차단제, 피부에 에너지를 주는 기술을 사용하기 시작했다. 차세대 피부 영양제로 알려진 성분들은 피부가 자가 재생을 하고, 젊은 외모를 유지할 수 있게 도와주었다. 화장품 분야에 종사하는 화학자들은 이러한 변화를 주목하기 시작했다. 독립적인 연구원 및 화학자인 프레드 쿠리(Fred H. khoury)는 피부, 헤어 케어, 색조 화장품 분야에서 화장품 산업은 동물 및 인위적 합성 성분의 화장품에서 천연 혹은 유기농 성분의 화장품으로의 급격한 변동기를 맞았다고 발표했다.

그는 또한 이전의 프로게스테론, 에스트로겐과 같은 스테로이드 호르몬이나 태반 추출물로 만들어진 크림이 펩타이드 및 식물 줄기 세포 배양 추출물을 함유한 세럼(serum)으로 변화되었다고 말했다.

오늘날 젊은 피부를 유지하기 위한 새로운 화합물의 기술적 진보로, 크림과 기적의 묘약은 피부 시간의 흐름을 멈추고 싶어 하는 여성들에게 빠르게 확산되고 있다. 오늘날 여성들은 피부를 유지하기 위한 수백 가지의 치료제와 화장품 중에서 자신에게 가장 잘 맞는 제품을 선택할 수 있게 되었다. 그들은 가까운 미래에 영원한 젊음을 약속하는 최고의 제품이 나오기를 기대하고 있다.

랑콤(Lancom)의 프라이모디얼 인텐스 아이(primordiale Intense Eye) – 퍼스트 라인 에이지 디펜스 아이 트리트먼트(first line age defense eye treatment) 광고, 2000년

뉴트로지나(Neutrogena) 브랜드 헬시 스킨 안티-링클 크림(SPF 15) 광고, 2000년

Historical TIMELINE 시대적 타임라인

1920년 ~ 1929년

[사진] 배우 소냐 헤니(Sonja henie)와 함께 한 웨스트모어(Westmore).

워너 브라더스 스튜디오(Warner bros. studios)의 메이크업 감독 퍼크 웨스트모어(Perc westmore)는 웨스트모어 코스메틱(Westmore cosmetics)을 헐리우드(hollywood)에 창설하였다.

에드나 머피 알버트(Edna murphey albert)는 그녀의 도어 투 도어(door-to-door) 데오도런트로 인기를 얻고, 오도로노(Odorono) 회사를 설립하였다.

사라 스펜서 워싱턴(Sara spencer washington)은 아펙스 헤어 & 뉴스(Apex hair and news company)를 설립하였다. 이는 1920년대와 30년대에 아프리카계 미국인이 소유한 회사 중에서 가장 큰 회사 중 하나가 되었다.

1920년

세면을 위한 화장품들의 수요가 증가하면서 많은 브랜드의 화장품들이 개발되었다. 비누, 향수, 콜드 크림(cold cream), 배니싱 크림(vanishing cream), 아이섀도, 블러셔, 그리고 파우더와 같은 제품이 가장 인기 있는 제품이었다.

마틴 고든(M. Martin gordon)과 그의 아내 프랜시스 베리(Frances patricia berry)는 프린세스 팻(Princess pat) 화장품 회사를 설립했다. 그들은 화장품 강좌도 열었으며, 라디오를 통해 자신들의 브랜드를 광고했다.

도로시 그레이(Dorothy gray), 마리 얼(Marie earle), 캐슬린 퀸란(Kathleen quinlan)은 공장을 만들어서 그들의 브랜드 화장품을 팔았다.

1922년

엘리자베스 아덴(Elizabeth arden)은 프랑스에서 그녀의 살롱을 열었다.

1925년

화장품 산업은 매년 막대한 성장을 하게 된다.

여성해방은 더 많은 화장품 사용이 가능하도록 했으며 브러시와 퍼프를 이용하여 공공장소에서도 메이크업을 할 수 있도록 했다.

1926년

1920년대의 신여성은 짙고 어두운 빨강 립스틱과 눈에 띄는 아이브로우를 사용하여 세대 간 갈등을 낳기도 했다. 하지만, 결과적으로는 그들의 어머니 세대가 신세대의 패션을 받아들여 그들도 함께 이러한 메이크업을 하였다.

1928년

파리에 있는 마담 밀레의 네일숍이 손톱 끝 부분을 하얗게 남겨두는 "문 매니큐어(mcon manicure)"를 유행시켰다.

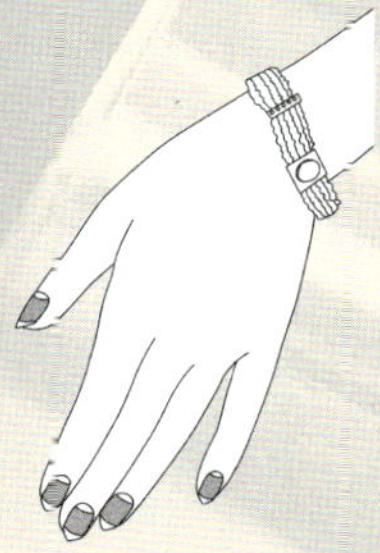

1929년

칼 윅스(Carl weeks)가 스킨로션, 파우더, 보습제 등을 판매하는 플로리안(florian)이라는 남성 화장품 라인을 창설했다.

태닝 로션과 어둡게 보이게 하는 파우더는 어두운 피부가 더 매력적이라는 인식을 낳으면서 시장에 소개되었다.

시대를 풍미한 얼굴 Face in Time
The 1920s

1920년대

1920년대 참정권 운동과 현대여성의 등장으로 인해, 여성들의 화장품 사용은 다시 부활했다. 새롭게 디자인 된 나선형으로 올라가는 립스틱의 등장과 함께, 공공장소에서의 화장품 사용은 세련된 것으로 인식되었다. 광고는 여성들이 가진 미의 딜레마를 해결하기 위한 해법을 제시하며 제품을 어필하였다. 여성들은 화장품을 사용함으로써 자신에게 잠재된 가장 매력적인 모습과 사랑스러움을 얻게 될 것이라 믿었다.
패션에 관심이 있는 모든 여성들은 화장을 했다. 화장을 한 모습은 미묘함과는 거리가 멀었다. 얼굴에는 파우더와 진한 루즈를 발랐고, 눈썹은 얇게 하기 위해 뽑았다. 눈은 검은색 콜(kohl)을 이용해서 테드리를 둘렀고, 밝은 색의 섀도를 눈꺼풀에 진하게 칠했다. 입술은 검붉게 칠했으며, 꿀벌에게 쏘인 듯한 입술을 만들기 위해서 도톰하게 입술윤곽을 그렸다. 이상적인 피부색은 창백한 흰 색이었다. 20년대 초기는 크림색과 상아색을 선호했고, 20년대 후반기가 되어서는 복숭아 색과 좀 더 자연스러운 색을 지향했다.

신여성들에게 다크 레드(dark red) 색상이 립스틱의 표준이 되면서 립스틱의 사용량이 점차 증가했다. 그들이 가장 좋아하던 액세서리는 탱고 케이스(tango case)로 이는 파우더, 루즈, 립스틱, 카드와 담뱃갑을 넣고 다니며 지갑으로 사용되는 일종의 핸드백이었다.
많은 여성들은 단발머리에 손가락 웨이브[34]를 한 이튼 크롭(eton crop)이라 불리는 헤어스타일을 받아들여 현대적인 이미지와 자립성을 표현하려 하였다. 끝이 둥근 뜨거운 아이롱(iron)으로 만드는 마셀 웨이브(marcel wave)가 발명되면서 이 스타일은 인기를 끌게 되었다. 커트는 여성들에게 큰 결심이었으며, 여성들이 건전한 깁슨 걸(gibson girl)[35]의 모습을 유지하기를 원하는 남성들은 커트를 좋아하지 않았다. 전쟁으로 인해 공장에서 일을 하게 된 여성들에게 긴 머리는 스타일링 하기에 거추장스러웠다. 전쟁 이후 결혼 적령기 남성들의 수가 많이 줄게 되면서 미혼 여성들은 그들의 가족을 떠나 독립적인 삶을 찾았다. 그들은 보다 손쉬운 일상을 필요로 했고, 짧은 헤어스타일과 심플한 드레스에 끌렸다. 클로쉐(cloche: 종모양) 모자의 인기는 단발머리를 보완해 주었다. 젊은 여성들은 수입의 많은 부분을 옷과 화장품을 사는 데 사용했다.

34) 손가락 웨이브: 물이나 세트 로션을 바른 머리를 손가락으로 감아서 웨이브를 만듦
35) 미국의 화가 C.D. Gibson(1867-1944)이 그린 1890년대의 이상화된 미국 여성

젊은 여성들은 글로리아 스완슨(Gloria swanson), 폴라 네그리(Pola negri), 클라라 보(Clara bow)와 같이 그 시대에 그들이 좋아하는 영화배우들의 스타일을 모방했다. 이런 매혹적인 스크린 속의 미인들은 전쟁 이전의 패션과 스타일에 사로잡혀있던 여성들을 변화시켰다. 맥스 팩터(Max factor)의 도움으로 여배우들은 화면에 자연스럽게 비치는 유분기 없는 화장품으로 완벽하게 치장하였다. 그는 할리우드 여배우 고객들이 홍보하는 상류층 화장품 라인을 생산했다. 팩터는 또한 입술, 볼, 파우더의 컬러 매치에 대한 아이디어도 선보였다.

조세핀 베이커(Josephine baker)는 흑인의 아름다움을 처음으로 선보였으며 그녀의 레뷰 네그레(Revue negre)[36]를 통해 아프리카의 진가를 보여주었다. 그녀는 달걀흰자를 이용해서 머리를 윤기나게 하고, 더 큰 눈으로 보이게 하기 위해 눈 주위를 하얀 펜슬로 칠했다. 세기 말에는 선탠오일이 개발되면서 어두운 피부가 여름에 인기를 끌었다. 화장품 업계는 어두운 색의 파우더와 태닝된 어두운 피부에 대조되는 밝은 색상의 립 컬러를 선보였다. 하지만 여성들은 겨울철에는 하얗고 창백한 피부를 갖고 싶어 했다.
인기 있는 뱀프 룩(vamp look)은 여성들에게 가슴을 묶어 가슴을 납작하게 만들도록 했다. 여성들은 이런 슬림한 스타일을 위해 다이어트를 했다. 보통 여성은 로우 웨이스트(low waist)인 탱크 탑 드레스와 슈미즈(chemise)를 입었다. 다리는 맨다리를 드러냈으며, 가장 인기 있던 신발은 루이스 힐(Louis heel)이나 앵클 스트랩 메리 제인(ankle strap mary jane)이었다. 레이온 직물의 사용은 의류 관리를 편하게 할 수 있도록 했고, 지역의 의류 생산 제조업체들이 합리적 가격에 옷을 생산할 수 있게 해 주었다.

1920년대는 젊음을 추구하기 시작한 시대이다. 나이든 여성들은 다시는 진정으로 패셔너블한 모습으로 보일 수 없었다. 여성들은 젊은 모습을 갈구했는데, 당시 아름다움은 곧 젊음이었기 때문이다. 주름제거제, 피부 재생제, 그리고 피부를 젊게 만드는 크림 같은 화장품들은 젊고 산뜻한 모습을 유지하기 위해 만들어졌다.

36) [연극] 1.시사 풍자극. 2.레뷰: 소희극 · 춤 · 노래 등을 함께 엮은 것 (또는 review)

1920년대의 하이라이트 Decade highlights

- 전국적인 광고는 화장품 제조업자들과 대중매체인 잡지, 영화, 그리고 패션계가 연계되어 제작되었다.
- 상점들은 상품구매를 촉진시키는 방안들을 모색하기 시작했다. 그들은 영화 장면 다음에 상품을 배치하기도 하고, 인기 영화배우처럼 보이는 마네킹들을 만들었다.
- 광고는 폼페이식 미인인 메리 픽퍼드(Mary pickford)와 같은 영화배우들의 특색을 묘사하였다.
- 엘리자베스 아덴(Elizabeth arden)의 판매자들은 함께 사용하도록 구성된 완전한 화장품 라인을 여성들에게 처음으로 가르쳤다.
- 판매를 장려하기 위해 백화점들은 화장품 사용 강의, 메이크업 교육, 그리고 무료 샘플들을 나눠주는 뷰티 위크(beauty weeks)를 후원했다.
- 화장품은 싸구려 잡화점에서 시작된 체인점들이 성장하면서 대중들에게 보편화되었다.
- 경쟁이 치열해지면서 예술가들은 보다 특별한 상자와 병들을 만들 필요가 있었다. 파우더 콤팩트와 립스틱 상자들은 대표적인 패션 액세서리가 되었다.
- 투탕카멘(Tutankhamen) 무덤의 발견과 함께 이집트 룩이 인기를 끌었다.
- 컬래시(kurlash)라는 속눈썹 컬러(curler)와 피나듀(pinaud)가 생산한 '612' 마스카라가 시장에 나왔다.
- 맥스 팩터(Max factor)는 최초의 메이크업 상품인 다색의 파운데이션(panchromatic foundation)을 선보임에 따라 아카데미상(Academy award)을 수상했다.
- 태닝한 피부의 인기와 더불어 아프리카 문화에 대한 환상이 시작된 시기였다.
- 최초의 매니큐어가 순수한(sheer) 빨강으로 나왔으며, 프렌치 매니큐어(french manicure)가 선보여졌다.
- 샤넬 No.5는 인공적인 향수재료를 사용하였다.
- "우리는 화장품과 금빛의 백합(gilded lily)[37]을 사랑한다. 그러지 않을 이유가 있는가?" 세실 비튼(cecil beaton), 1928년.

37) 1921년 3월 출시된 Mae murray 주연 영화로 추정

메이크업 The Face

메이크업 스틸 사진 슬레이트

COLOR PALETTE *of the* *1920s*

POWDER

cream 크림색 · ivory 아이보리색 · peach 복숭아색

ROUGE

rose 로즈 · raspberry 라즈베리

SHADOW

blue 블루 · green 그린 · turquoise 청록

PENCIL

kohl 콜 · brown 브라운

LIPSTICK

dark Rose 다크 로즈 · dark Red 다크 레드 · soft red 소프트 레드 · orange 오렌지

38) The look was defined by dramatic, smoky eyes entirely and thickly rimmed and smudged with black grease pencil

1920년대의 얼굴 The 1920s Face

영화의 창조(A creation of the cinema)

눈썹은 아래방향으로 쳐지게 얇게 뽑고 다듬은 후 검은색 펜슬로 꼼꼼히 채워그렸다. 피마자유 또는 식물성기름이 윤기 있게 하기 위해 사용되었다.

눈은 어두운 초록 또는 램프 그을음 색(흑색)으로 번지게 표현하였다.

입술은 붉은 큐피드의 활(cupid' s bow)모양을 냈고, 입술 위는 둥근 모양으로 그렸다. 손끝에 빨강색의 진한 왁스를 묻혀서 입가를 피해 입술을 칠했다. 립 컬러 제품들은 단지에 액체로 담아두거나, 주로 오렌지, 빨강, 어두운 장미색으로 된 금속 케이스에 넣어두었다.

크림(cream)색과 아이보리(ivory)색으로 물들인 파우더, 그리고 쌀가루 파우더는 배니싱 크림(vanishing cream)[39] 위에 발랐다.

크림 또는 파우더 페이퍼 형식으로 된 장미색과 라즈베리색 루즈는 볼에서 둥글게 블렌딩 하면서 발랐다.

루즈는 크림 형태로 볼의 광대 아래쪽에 파우더 사용 전에 발랐다. 파우더는 그 위에 사용되어 보다 부드러운 느낌을 주었다.

파우더 루즈는 파우더를 한번 바른 후 사용되었으며, 이후 그 위에 파우더를 한 번 더 발랐다.

검은색 그리스 스틱(grease stick)의 아이라이너와 왁스 비즈(wax beads)는 속눈썹에 사용되었다. 페이셜 크림(facial cream)은 기초화장으로 파우더 바르기 전에 발랐다. 마스카라는 건조하게 뭉쳐진 검정색 물감 파우더로 만들어졌다.

맥스 팩터(Max factor)의 남성전용 학생 메이크업 키트, 1920년경

클라라 보(Clara bow), 미국의 무성 영화 스타이며 1920년대 유명한 섹스 심벌, 1920년대 사진

39) 배니싱 크림: 피부를 얇게 덮는 유분이 적은 파운데이션 크림

조세핀 베이커(Josephine baker), 최초의 아프리카계 미국 연예인이며 메이저 영화 스타, 1930년경 사진

루이스 브룩(Louise brooks), 보브 스타일(bobbed hairdo)로 잘 알려진 미국의 무성 영화 여배우, 1920년대 사진

체인과 여러 부품이 달려 있고, 파우더, 루즈, 립 컬러를 넣을 수 있는 탱고 콤팩트(Tango compact), 1920년경

맥스 팩터(Max factor)의 새틴 스무드 메이크업(satin smooth make-up), 팬크로매틱(panchromatic) 파운데이션, 1928년

파운데이션Foundation

본인의 피부색보다 한 톤 정도 밝은 색상의 루스 파우더가 기초 파운데이션으로 사용되었다. 파우더는 파우더 퍼프로 얇은 층의 수분크림 위에 펴 발랐다. 크림은 파우더에 수분 베이스를 공급해 주었으며, 인형 같은 인조적인 얼굴색을 만들어 주었다.

루즈와 파우더를 두 층으로 담은 메탈 콤팩트, 1920년대

프린세스 팻 (Princess pat) 루즈, 뚜껑 안에 거울을 넣은 황동 용기, 1920년대

블러셔Blush

파우더, 크림 페이스트, 리퀴드 타입의 루즈는 볼을 돋보이게 하기 위해 사용되었다. 리퀴드나 크림 타입의 루즈는 파우더 파운데이션을 사용하기 전에 광대 뼈[40] 주변에 발랐다. 파우더 루즈는 루스 파우더(loose powder) 파운데이션을 사용한 뒤에 발랐고, 그 이후 파우더를 한 번 더 발라서 부드럽게 했다. 낮 동안에는 루즈를 광대뼈와 주변에 잘 펴 발라주었다. 저녁에는 루즈를 둥글게 원형으로 발랐고 가장자리만 색이 섞이도록 해서, 중앙에 좀 더 강한 색을 띠도록 했다.

40) The apples of your cheeks are the section of the cheeks that tend to extend out from the general area of the face when the individual is smiling or laughing

눈 Eyes

눈썹은 가늘게 족집게로 뽑아냈고, 관자놀이를 향해 아래방향으로 아치를 그렸다. 눈썹은 검은색이나 갈색 유성 펜슬을 사용하여 더 긴 커브 형태를 이룰 수 있게 그렸다.

눈은 검은색 유성 펜슬로 눈을 길게 늘려주었으며, 번짐을 이용하여 눈이 더욱 깊어 보이게 하는 효과를 주었다.

낮 동안에는 눈꺼풀을 라놀린(lanolin)[41]으로 광을 내거나 아무것도 바르지 않았다. 치명적인 벨라도나(belladonna nightshade)[42]나 다년생의 허브를 몇 방울 눈에 떨어뜨려 흰자 부분의 반짝거림을 더해주었다.

밤에는 밝은 에메랄드 색과 파랑색을 눈꺼풀에 발랐다. 눈썹은 검은색 크레용과 비슷한, 색깔 있는 왁스를 녹여 코팅하였고 그 끝은 구슬로 장식했다. 20세기 중반에는 색이 가미된 바세린으로 만든 크림 마스카라를 구할 수 있었으며, 이는 보다 자연스러운 모습의 눈썹을 연출해 주었다.

이베트(Ivette) 립스틱, 당겨서 여는 황동 용기, 1920년경

입술 Lips

맥스 팩터(Max Factor)는 고객들에게 그의 손가락으로 립스틱을 발라줌으로써 벌에 쏘인 듯한 입술을 유행시켰다. 그는 검지로 스틱을 두 번 찍어내어 윗입술에 발랐고, 아랫입술은 한 번 찍어 발랐다.

입술의 폭은 의도적으로 작게 하여 더욱 풍성해 보이는 입술을 만들어냈다. 립스틱은 브러시로 입가를 제외하고 발라서 입술을 언덕과 같은 모양으로 만들었다.

손톱 Nails

손톱은 이전에는 색이 들어간 왁스로 칠하기만 했었는데, 이제는 손톱의 중앙만 칠하고 나머지 부분인 위와 아래 반월 부분에는 아무것도 칠하지 않았다. 이는 "문 매니큐어(moon manicure)"라고 불리며, 프랑스에서 구행했다.

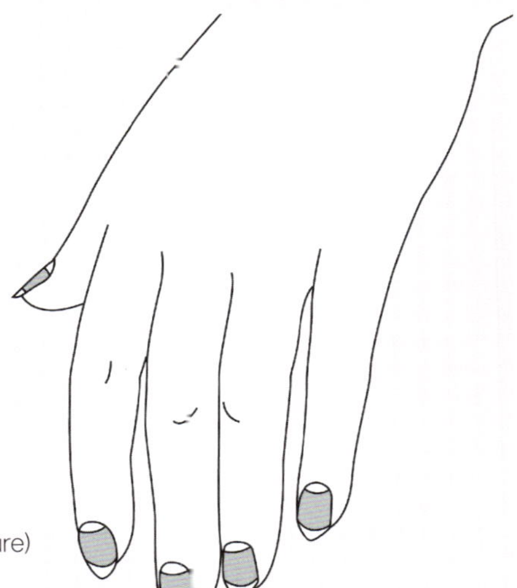

문 매니큐어(moon manicure)

로빈슨(Robinson) 브랜드의 네일 화이트 크림(nail white cream), 원형 모양의 주석, 1920년대

41) 라놀린: 면양의 털에서 뽑아낸 기름을 정제한 것

42) [식물] 벨라도나(belladonna nightshade): 가짓과의 유독 식물

Historical TIMELINE 시대적 타임라인

1930년 ~ 1938년

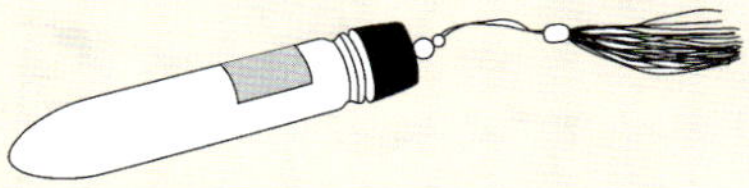

1930년

프랑스 회사인 브루조아(Bourjois)는 라디오 광고를 통해 이브닝 인 파리(Evening in paris) 향수를 선보였다.

1931년

레이디 에스더(Lady Esther) 브랜드는 라디오 광고를 통해 더 싼 화장품을 보급하였다.

1932년

화장품 제조와 유통업이 발전하였다. 화장품을 굉장히 쉽게 어디서나 구할 수 있어서 여성들은 그들의 월급을 화장품 사는데 많이 소비하였다.

1936년

맥스 팩터(Max Factor)는 그의 첫 번째 살롱을 런던에 열고, 그의 유명한 팬케이크 화장품(Pan-cake make-up)과 함께 립스틱과 파우더를 선보였다. 그의 반짝이는 립스틱은 굉장히 큰 인기를 얻었고 후에 랑콤(Lancome)이 다른 버전으로 이러한 립스틱을 만들게 되었다.

1937년

더글라스 콜린스(Douglas collins)는 향수 브랜드 고야(Goya)를 만들었다. 이들의 향수는 일하는 여성들이라면 쉽게 살 수 있는 합리적인 가격이었다.

1938년

오픈 토 샌들의 등장으로 페디큐어가 점차 인기를 더해갔다. 레드 계열과 블랙 계열의 일곱 가지 색상이 사용 되었다.

공황기와 할리우드 The Depression & Hollywood

The 1930s

1930년대

1929년 월스트리트(Wall street)의 폭락은 빈부격차를 이전보다 훨씬 크게 만들었다. 히틀러는 독일에서 떠오르고 있었으며, 정치풍토는 어두운 앞날을 예견했다. 여성들은 가정으로 돌아왔고, 20년대의 자유분방함은 1차 세계대전이 시작될 때까지 잊혀졌다. 1차 세계대전 중의 변화하는 사회적 풍토가 여성들에게 자립성과 자신감을 가져오면서 화장품은 젊은 여성들에게 큰 인기를 끌었다. 집을 나서기 전에 풀 메이크업을 하는 것은 필수였다. 완전한 세트제품을 판매하는 제조업자들에 의해 화장품의 사용 순서가 소개 되었다.

엘리자베스 아덴(Elizabeth arden)은 옷 색에 어울리는 섀도와 루즈의 색을 매치하는 색조화의 원리를 전했다. 여성들은 그들 스스로를 현대적이며 교양이 있다고 간주했으며 화장품의 도움을 받아 현대적 미의 모습을 만들길 원했다. 이러한 사상은 할리우드 은막(silver screen)의 신진 여배우들에 의해 더욱 고조되고 미화되었다. 그레타 가르보(Greta garbo)는 섹시함과 우아함을 뽐내는, 스크린의 여신이었다.

현실도피는 이국적인 장소들, 노래, 춤, 그리고 해피엔딩을 보여주는 현대 영화들에 의해 더욱 심화되었다. 이러한 형태의 대중오락은 대다수가 감당할 수 있는 가격에 사람들이 필요로 하는 낙관주의를 제공했다. 42번가(42nd street)와 같은 뮤지컬이나 막스 형제(Marx brothers)의 코미디는 매우 인기 있었다. 부유층은 영화를 보고 그 안의 패션을 모방했으며, 사회적 지위를 공공연히 나타내 주는 옷과 액세서리를 착용했다. 여우 털이 달린 넓은 어깨의 코트와 까르띠에(Cartier) 장신구는 당시의 전형적인 스타일이었다.

맥스 팩터(Max Factor)는 많은 유명인들이 보증해 준 팬케이크(Pan cake) 화장품 개발로 수많은 언론에 보도되었다. 그는 사람들의 관심을 끌기 위해 만들어진 기계인 "미(beauty) 측정기"와 "키스하는 기계(kissing machine)"로 관심을 받기도 했다.

30년대의 패션 트렌드는 영화에서 영향을 받았다. 여성들은 스타들의 옷을 원했으나, 대부분은 좀 더 실용적인 일상복만 살 수 있었다. 클로쉐(cloche)[43] 모자가 유행 하였으며, 여성스러운 스커트나 몸에 꼭 맞는 옷들이 각광을 받았다. 바이어스 컷(biased cuts)은 옷에 자연스러운 움직임을 주었다. 운동과 건강을 위한 스포츠 참가로 인해 오락과 휴식에 적당한 덜 죄는 옷들이 생겨났다. 바지, 등이 깊이 파인 상의와 반바지는 몸매를 유지하고 야외 활동을 즐기고자 하는 활동적인 여성들에게 인기를 끌었다. 30년대 말 시뇽(chignons)[44]과 머리 망은 인기 있는 패션 트렌드였다.

헤어스타일은 보다 부드러워지고 더 많은 컬을 넣었다. 머리는 더 길게 길렀으며, 머리에 들어간 부드러운 웨이브와 컬은 좀 더 감각적이고 깔끔한 스타일을 만들어냈다. 30년대에는 금발이 주를 이루었다.
밝은 색상과 흔하지 않은 색들을 조합해 보는 실험들에 의해서 색 사용은 더욱 과감해졌다. 검은색 매니큐어, 밝은 파랑과 초록색 아이섀도, 오렌지색 입술은 세련된 스타일이 되었다.

43) 종 모양의 여성용 모자
44) 뒤꽂이, 낭잣비녀

1930년대의 하이라이트 Decade highlights

- 엘리자베스 아덴(Elizabeth arden)의 미용실은 너무나 유명해서 그녀의 이름이 "뷰티 살롱"의 통칭이 되었다.
- 암브레 솔레어(Ambre solaire)사는 태닝 오일을 브론징 케어(bronzing care)의 최종판으로 홍보했다.
- 골격이 완벽하게 균형 잡힌 얼굴이 인기 있었다.
- 더글러스 콜린스(Dauglas collins)는 고야(Goya) 향수를 1937년에 시판했다. 그 이후에 그는 작은 핸드백 사이즈의 품질 좋은 향수를 중산층에게 적당한 가격으로 판매했다.
- 1939년 초현실적인〈오즈의 마법사〉와 같은 많은 공을 들인 뮤지컬 영화들이 만들어졌으며, 이는 사람들이 현실의 문제에서 도피할 수 있는 안식처가 되어 주었다.
- 〈바람과 함께 사라지다〉는 테크니컬러(Technicolor)를 이용한 첫 번째 영화이다. 이는 맥스 팩터(Max Factor)의 팬케이크(Pan-cake) 메이크업의 발전을 가져왔는데, 이 메이크업은 밝은 색채를 띠는 새로운 매체에서 배우들에게 보다 현실적인 피부 톤과 오래 지속되는 커버력을 제공했다.

- 저메인 몬테일(Germaine Monteil)의 더 프리뷰 콤비네이션 세트(The Preview Combination Set)에는 클렌징크림, 데이크림, 나이트크림, 파우더, 그리고 립스틱이 들어 있었다. 이는 여성들이 필요로 하는 모든 것을 포함한 최초의 뷰티키트였다.
- 라리크(Lalique)사는 디자이너의 패턴을 이용한 포장을 코티(Coty) 향수 제품에 도입했다. 야들리(Yadley) 향수병들은 알폰세 무차(Alphonse Mucha)사의 아르 누보(Art Nouveau)와 랑방(Lanvin)사의 포장에 영감을 받아 만들어졌다.
- 오렌지향은 캘리포니안 파피(Californian Poppy) 향수를 통해 인기를 끌었다. 진한 향의 오렌지 꽃을 옷에 문질러 향을 내기도 하고, 집의 방향제로 사용하면서 오렌지향 화장품의 인기를 불러왔다.
- 영화 속에서의 성적 묘사들로 인해 사향 향의 세련된 향이 인기를 끌게 되었다. 가벼운 라벤더향의 향수들은 더 이상 사람들이 찾지 않게 되었다.
- 화장품들은 울워스(Woolworths)[45]사와 여타 할인 체인점들의 개점으로 더욱 쉽게 접할 수 있게 되었다. 광고는 공장에서 일하는 여성들과 화장품을 살 능력이 있는 가정 주부들을 겨냥해 만들어졌다.
- 1939년에 2차 세계대전이 발발했다.
- 전쟁 중의 배급제도로 인해 화장품 원료가 부족해져 화장품을 구하기 어려워졌다. 여성들은 예로부터 전해져 오는 제조법을 사용해 집에서 크림을 만들었다. 그들은 암시장에서 물품을 구매했고, 이전에 저장해 놓았던 물품으로 전쟁기간을 견뎌냈다.
- 좋은 품질과 순도는 야들리(Yardley), 엘리자베스 아덴(Elizabeth arden), 헬레나 루빈스타인(Helena rubinstein), 그리고 여러 다른 프랑스 제조사들의 값비싼 상품들의 특징이다. 소비자들의 교육수준이 높아지면서, 그들은 초창기의 부족하던 지식에서 벗어나게 되어 상품의 품질을 보다 많이 신경 쓰게 되었다.
- 제조업이 크게 성장하면서 많은 생산자들은 그들만의 크고 작은 브랜드 상품들을 만들어냈다.
- 컬러 영화들이 나오면서 화장품 판매는 큰 영향을 받았다. 여성들은 영화 속 여배우들의 입술과 눈썹 화장을 따라했고, 그들이 사용한 색상과 같은 색상을 모방해 사용했다.
- 큐텍스(Cutex)사는 입술의 색상과 어울리는 매니큐어 제품들을 만들어냈다.
- "할리우드에서는 립스틱과 아이브로펜슬이 펜보다 훨씬 강하다."라고 1931년 퍼크 웨스트모어(Perc westmore)가 말했다.
- "아름다움은 선물이 아닌 습관이다"라고 1935년에 저메인 몬테일(Germaine monteil)이 말했다.

45) 미국의 슈퍼마켓 체인점

메이크업 The Face

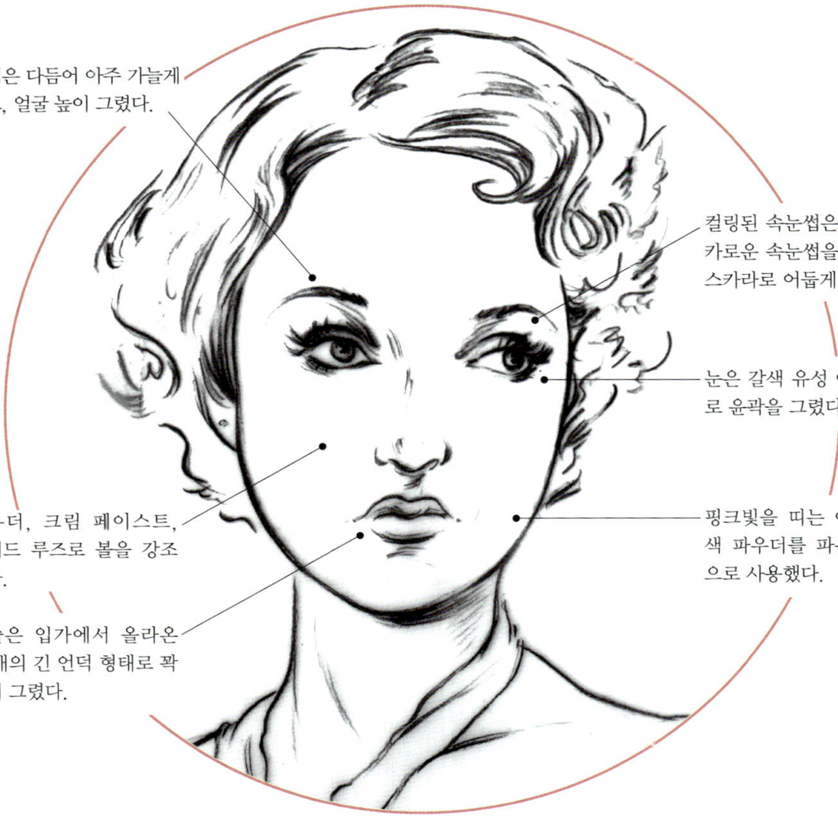

립스틱, 파우더, 빗, 담배와 성냥을 넣는 칸이 있는 도금된 화장품 케이스. 1930년대 초반

COLOR PALETTE *of the* *1930s*

POWDER

Gardenia Complexion 분홍빛이 도는 흰색
White 화이트
Ivory 아이보리색
Tea Rose 옅은 분홍
Mauve 담자색
Green 그린

ROUGE

Light Pink 라이트 핑크
Raspberry 라즈베리색
Yellow Red 옐로우 레드
Purple Red 퍼플 레드

SHADOW

Blue 블루
Green 그린
Purple 퍼플
Brown 브라운
Warm Brown 웜브라운

PENCIL

Brown 브라운

LIPSTICK

Light Rose 라이트 로즈
Raspberry 라즈베리
Chinese Red 주홍색
Bright Red 브라이트 레드
Orange 오렌지

1930년대의 얼굴 The 1930s Face

화장의 수용(The Acceptance of maquillage)

눈썹은 가늘게 뽑거나 완전히 면도를 했다. 새로 그린 눈썹은 가늘고 아치 모양으로 관자놀이를 향해 아래로 그려졌다. 올리브 오일이나 페트로리움 젤리(petroleum jelly)[46]를 눈썹에 발라서 반짝이는 느낌으로 마무리했다. 낮 동안에는 눈꺼풀에 페트로리움 젤리를 발랐다. 눈썹은 마스카라로 코팅이 되었다. 저녁 시간에는 반짝거리는 섀도를 눈꺼풀 위쪽에 사용했고, 쌍꺼풀에 검은 섀도를 칠해 깊어 보이는 눈을 연출했다. 강렬한 색상의 크림 섀도들이 인기를 끌었다.

눈을 자연스럽게 연출하기 시작하면서 콜(kohl) 라이너의 인기는 떨어졌다. 흑갈색 아이라인 펜슬로 눈꺼풀의 위와 아래를 부드럽게 칠하였고, 이 두 라인은 눈 끝에서 서로 교차되지 않게 했다.

입술은 브러시를 사용해 윗입술은 길게 활 모양으로 그리고 아랫입술은 작게 칠했다. 이러한 스타일은 장미봉오리 입술(rosebud mcuth) 또는 크럴러(cruller)[47]라고 불렸다.

흰색이나 아이보리색으로 염색되고, 약간의 핑크색이나 쌀가루가 더해진 파우더를 배니싱 크림(vanishing cream) 위에 사용했다.

진 할로(Jean harlow), "플래티넘 블론드(Platinum blonde)"라 불리던 미국의 영화배우, 1935년 사진

30년대 초반에는 루즈가 거의 사용되지 않았다. 30년대 말에는 핑크색과 산딸기 색을 띠는 크림, 풀, 또는 액체 형태의 루즈를 광대 위쪽에 가볍게 사용했다. 볼의 위쪽에 크림 타입의 루즈를 파우더보다 먼저 바른 후, 그 위에 파우더를 좀 더 입혀 색을 부드럽게 했다. 볼 위쪽에는 루즈를 덧발라 눈을 강조했다. 파우더 루즈는 라이트 파우더를 먼저 바른 후에 사용되었으며, 그 후에 다시 파우더를 입혀 핑크색을 보다 부드럽게 만들었다.

갈색이나 검은색의 마스카라가 사용되었고, 헤나(henna)는 눈썹과 속눈썹을 어둡게 하기 위해 종종 발랐다. 마스카라는 속눈썹을 두껍게 하기 위해서가 아니라, 속눈썹을 어둡게 하고 가닥 가닥을 나누기 위해 사용했다. 눈의 바깥쪽 코너에 사용된 인조 속눈썹은 눈꺼풀이 보다 무거워 보이도록 하는 효과를 주었다.

46) 페트로리움 젤리(petroleum jelly): 석유에서 추출한 바세린의 주성분이다.

47) 크럴러: 고리 모양의 도넛 비슷한 과자

그레타 가르보(Greta garbo), 할리우드 영화의 전설, 1930년대 사진

마를레네 디트리히(Marlene dietrich), 그 시대에 가장 출연료 수입이 많았던 여배우 중 하나, 1932년 사진

파운데이션 Foundation

하얀색의 배니싱 크림(vanishing cream)이 메이크업 베이스로 사용되었다. 그 다음 핑크빛이 살짝 들어간 아이보리색 파우더가 파운데이션으로 사용되었다. 30년대 후반에는 태닝한 피부에 맞춰서 파우더 색조가 좀 더 어두워졌다. 팬케이크(Pan-cake) 화장품도 30년대 말에 이용되었다.

푸라우(Plough)의 클렌징 크림(Cleansing cream), 1930년경

블러셔 Blush

파우더, 크림 페이스트, 또는 리퀴드 루즈는 볼을 강조하는 데 사용되었다. 리퀴드 형태의 크림 색 블러셔는 파운데이션 파우더를 사용하기 전에 볼 위쪽에 바른다. 파우더 루즈는 루스 파우더(loose powder) 파운데이션을 사용한 뒤에 사용되었으며 그 위에 라이트 파우더를 덧발라 보다 부드러운 느낌을 주었다. 낮에는 루즈를 거의 사용하지 않거나 볼 위쪽에 발라 색이 자연스럽게 보이도록 펴 발랐다. 밤에는 루즈를 눈 가까이 발랐으며 위쪽 방향으로 펴주어 눈을 강조했다.

프린세스 팻(Princess pat) 브랜드의 루즈, 금속 용기, 1930년대 후반

헤더(Heather)사의 루즈와 색상 케이크, 주석 용기, 1930년경

눈 Eyes

눈썹은 아주 얇은 모양으로 만들고 얼굴 위쪽에 그렸다. 눈썹은 관자놀이 까지 길게 아치모양으로 그렸다. 눈썹은 기름이나 페트로리움 젤리(petroleum jelly)를 이용하여 광을 냈다.

눈은 갈색 아이라인 펜슬을 이용해 윤곽을 나타냈다. 또한 밝은 섀도를 눈꺼풀 전체에 사용하고 쌍꺼풀 라인에 어두운 색으로 음영을 주어서 눈이 더욱 깊어보이게 만들었다. 낮 동안에는 쌍꺼풀을 기름으로 광을 내거나 아무것도 바르지 않았다. 말아 올린 속눈썹은 마스카라를 이용해 더욱 길고 진하게 만들었으며 선명한 느낌을 주었다. 30년대 말에는 파랑, 초록, 연보라색의 섀도를 사용했으며, 파티용 섀도로는 금색과 은색이 사용되었다. 속눈썹은 고체 형태의 마스카라를 사용하였는데, 이는 물과 섞어 풀 형태나 페트로리움(petroleum) 크림으로 만들어 사용되었다.

메이블린(Maybelline) 마스카라, 1932년

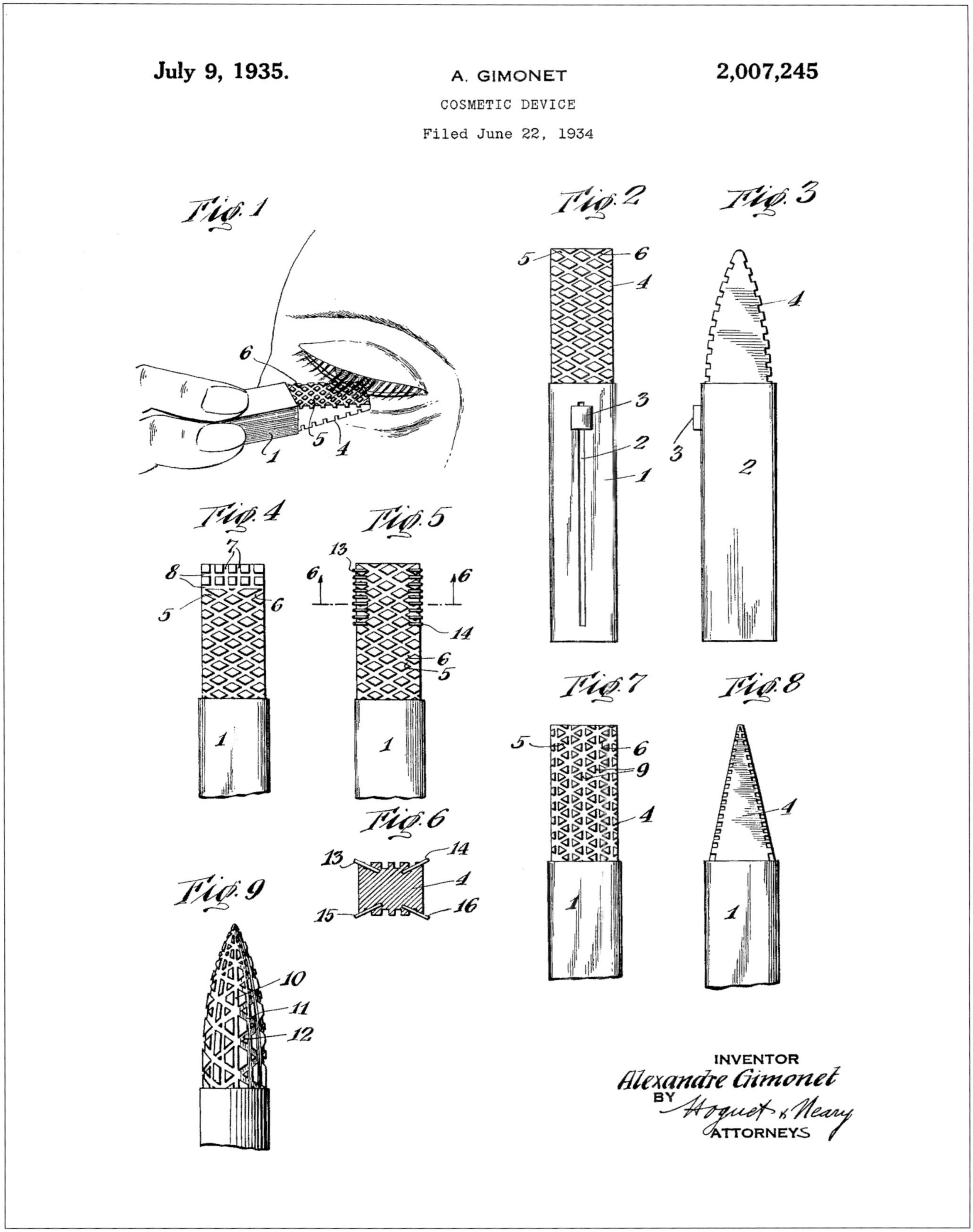

마스카라에 대한 화장도구 특허, no. 2,007,245 A. Gimonet, 1934년

입술 Lips

입술은 립스틱으로 가득 메웠다. 윗입술은 약간 과장되게 그렸으며, 그 모양은 두 개의 긴 언덕이 양 입술 끝에서 치솟는 형태를 만들었다. 립스틱은 튜브를 사용하거나 브러시를 사용하여 보다 정확하게 바를 수 있도록 했다. 페이스트(paste) 성질을 가진 립스틱은 사용 후에 색을 닦아내야 했다.

키스프루프 미지트(Kissproof Midget) 립스틱, 1930년대 후반

해리엣 허버드 아이어(Harriet Hubbard Ayer) 립스틱, 1930년대 후반

손톱 Nails

각 손톱은 그 중앙에 광을 내었다. 손톱의 제일 윗부분과 아래의 경계선은 칠하지 않고 남겨 두었다. 30년대 초에는 밝은 장미색, 핑크색, 크림색을 사용했다. 1932년에는 손톱을 검은색으로 칠하는 것이 짧게 유행했었다. 30년대 후반에는 색조의 사용이 확장되어 빨강색, 산호색, 초록색, 회색, 파랑색, 금색, 은색을 포함한 다양한 색상들이 사용되었다.

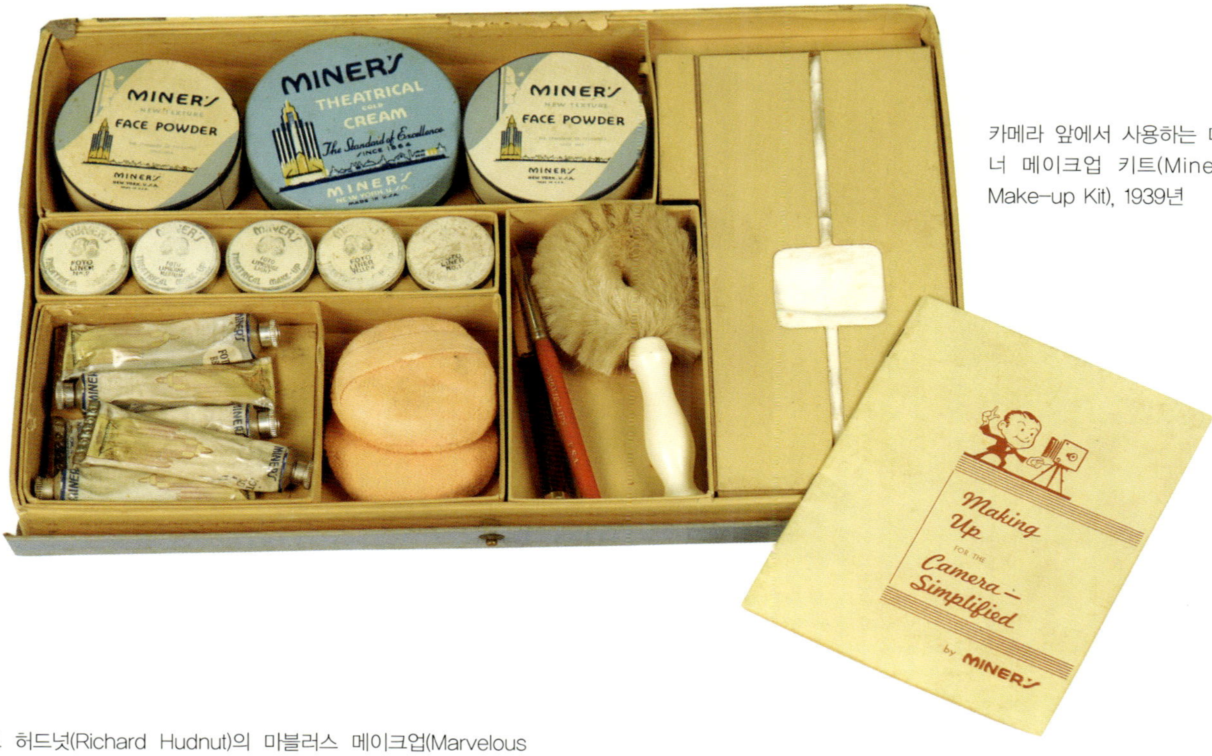

카메라 앞에서 사용하는 마이너 메이크업 키트(Miner's Make-up Kit), 1939년

리차드 허드넛(Richard Hudnut)의 마블러스 메이크업(Marvelous Makeup) 광고, 1937년

이리지스터블(Irresistible) 향수와 미용 도구 광고, 1935년

Historical TIMELINE 시대적 타임라인

1940년 ~ 1966년

1940년

제 2차 세계대전으로 인해 화장품 생산이 감소하였고, 이로 인해 화장품이 암거래 되었다.

1945년

전쟁이 끝남과 동시에 여성성을 중시하는 디올(Dior)의 뉴 룩 컬렉션(New Look collection)과 같은 패션이 유행하였다. 화장품 제조업체들은 멋스러운 포장과 화장품의 색 배열 등 겉모습에 굉장히 신경을 썼다.

1946년

미국인들은 30억 달러를 화장품 소비에 사용하였다.

(사진) 마릴린 먼로(Marilyn Monroe)

1950년

영화 산업은 금발 미녀의 성적 매력을 대중화했고, 탈색제나 여러 가지 색상의 화장품들을 판매하는데 큰 영향을 끼쳤다.

1952년

태닝한 피부가 인기를 얻자 메이크업 회사들은 더욱더 어두운 색상의 파우더를 내놓았다.

1955년

어두운 붉은 색상의 립스틱 시대는 가고 여름 태닝 피부를 더 돋보이게 하는 옅은 색상의 틴트가 인기 있었다. 리퀴드 타입의 파운데이션이 나오기 시작했다.

1957년

샤넬(Chanel)은 제 2차 세계 대전 후에 그녀의 카디건 재킷 슈트와 함께 돌아왔고, 유명한 퀼트 가죽 핸드백(quilted-leather handbag)을 소개했다.

1960년

오드리 헵번(Audrey Hepburn)과 그녀의 유럽풍 모습은 리퀴드 타입의 아이라이너를 유명하게 만들었다. 눈은 가장 두드러지는 얼굴의 특징이 되었으며 길고 짙은 아이라이너가 유행하였다.

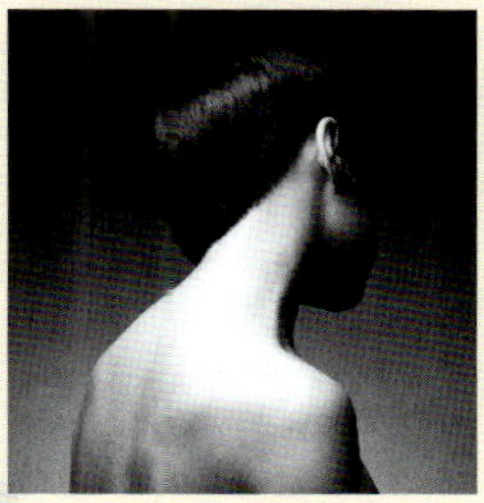

1963년

비달 사슨(Vidal Sassoon)은 기하학적이고 조각 같은 헤어스타일과 레이저 컷(razor cut) 헤어스타일을 선보였다.

메리 케이 애시(Mary Kay Ash)는 메리 케이(Mary Kay) 브랜드를 설립하고 분홍색 캐딜락(Cadillacs)과 홈 파티를 위한 여성 화장품을 판매했다.

MARY KAY

1966년

메리 퀀트(Mary Quant)는 패션에서 화장품까지 자신의 영역을 넓혔다.

전쟁이 지나고 Wartime and Beyond

The 1940s

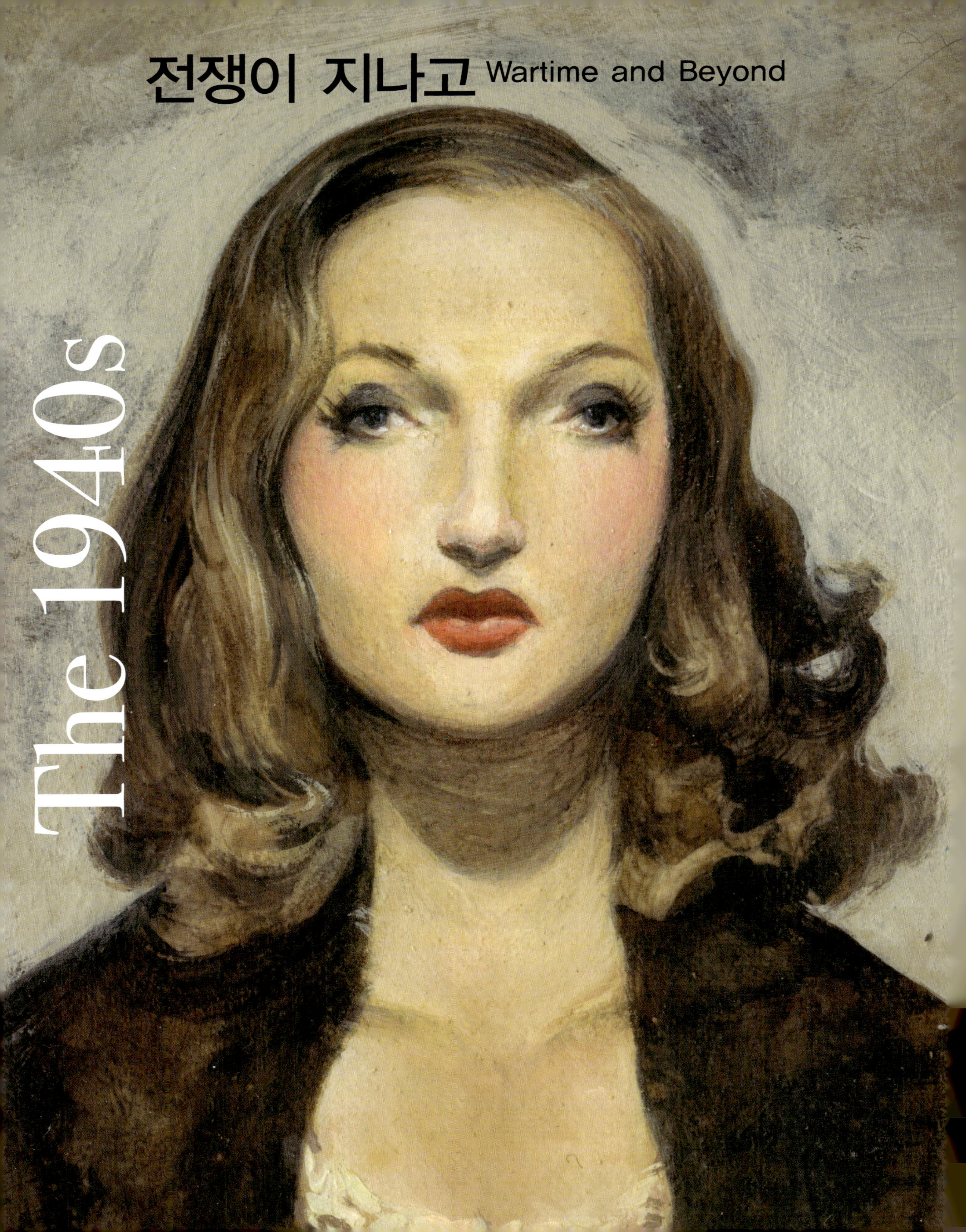

1940년대

1940년대는 애국심과 로맨스 그리고 화려함으로 가득한 시대였다. 세계는 다시 한 번 전쟁이 일어났고, 서로 사기를 북돋우기 위해 여성들은 최대한 아름답게 꾸미도록 장려되었다. 모든 제조업과 마찬가지로 화장품은 기름(oil), 동물성 지방, 알코올의 부족으로 생산량이 줄어들게 되었다. 제품의 품질은 떨어졌고, 질감은 건조하고 잘 부서졌으며, 색의 선택권도 많지 않았다. 헐리우드는 관능적인 여성들과 색다른 풍경의 장소들을 영화에 담아 즐거움과 안정감을 제공했다. 영화들은 지속적으로 화장품의 트렌드에 영향을 주었다. 상품들은 계속해서 출시되었으며 베티 데이비스(Bette Davis), 진저 로저스(Ginger Rogers), 미리나 로이(Myrna Loy)와 같은 스타들을 통해 많은 광고를 했다. 여성들은 팬스틱(Pan-Stik)과 팬케이크(Pan Cake) 파운데이션을 사용해 헐리우드의 가장 유명한 스타들처럼 매끈하고 잡티 하나 없는 피부가 되기를 바랐다.

40년대의 기준이 되는 얼굴은 아치 형태로 그려진 눈썹, 파우더, 그리고 크고 붉은 입술이었다. 제 2차 세계대전 당시 사용된 밝은 빨간색 립스틱은 여성들의 사기에 큰 영향을 미쳤고, 이후 이 립스틱은 충만한 자신감과 승리의 상징으로 남게 되었다. 40년대에는 자연스럽고 건강해 보이는 장밋빛 얼굴이 인기를 끌었다. 머리는 길고 정교하게 롤을 말은 긴 스타일이었으며, 늘어뜨린 웨이브 머리가 한쪽 눈을 가렸다.
탑 노트(topknots _ 일명 똥머리)는 일하기 편하게 중간머리를 빗어 올려 묶는 일종의 업 스타일이 나타났다. 머리는 위로 올렸으며, 왕관 모양으로 땋았고, 보통 터번 스카프(turban scarf)로 감쌌다.
영국의 여성들은 여전히 마셀 웨이브(Marcel wave)를 했그, 작업복을 입는 여성들에게는 짧은 머리로 파마하는 스타일이 인기를 끌었다. 전쟁이 끝난 후, 50년대에는 잉그리드 버그먼(Ingrid Bergman)이 출현한 잔 다르크에서 선보인 소년 같은 스타일이 인기를 끌기 시작했다. 사람들은 미용실에 가지 않는 대신 종종 부분 가발을 사용했다. 땋은 머리형 가발, 뱅(bang) 스타일 앞머리, 그리고 곱슬머리 가발은 우아한 연회스타일을 연출했다.

전쟁 중의 거래제한, 물자 부족과 전쟁에 드는 비용 등은 생활필수품을 부족하게 만들었다. 장신구, 화장품 케이스, 그리고 단추에 사용되었던 금속들은 철저하게 전쟁용품을 만드는 데 사용되었다. 공장들은 전쟁물품을 만들게 되었고, 여성들은 이곳에서 탄약부터 전투기까지 모든 전쟁용품을 만들어냈다. 그들은 남성들이 입던 질긴 유니폼을 입었다. 청바지와 티셔츠는 여성들이 입는 캐주얼한 의상으로 받아들여졌다.

의회가 여군, 여성 해군, 그리고 여성 해안 경비병을 창설한다는 법률을 통과 시키면서 여성들은 공장에서 일하는 외에 여러 방면으로 전쟁에 기여했다. 부대에서 근무하는 여성들은 비행 교관, 비행기 정비공, 사무원, 심지어 비행사로 복무했다.

의상 디자이너들은 일하는 여성들을 위한 옷을 만드는데 집중했으나 옷감이 부족해 빳빳하고 통이 좁은 스타일로 옷을 만들었다. 스커트는 더욱 짧아졌고, 허리는 모든 방법을 동원해 옷감을 최대한 아낄 수 있게 만들었다. 엉덩이가 좁게 만들어진 바지와 어깨가 넓은 재킷이 패션 트렌드였다. 모자와 장갑은 단조로운 옷 스타일에 여성적인 느낌을 주기 위한 필수 아이템이었다. 보다 활동적으로 일하는 라이프스타일과 어울리게 캐주얼한 바지를 입고 플랫폼 슈즈[48]를 신었다. 의상에 다는 장신구들은 미국에서 인기 있는 패션 액세서리였으며, 미리암 해스켈(Miriam Haskell)이 만든 액세서리는 귀중품이었다. 속옷은 부족했고, 여성들은 자신들의 속옷을 직접 만들어 입기 시작했으며, 타이트한 새틴(satin) 견직물로 바느질해 만든 속옷이 가장 대표적이다. 이 속옷은 입은 후 몸 위로 말려 올라갔는데, 이는 금속 배급제로 인해 지퍼를 만들 금속이 부족했기 때문이다. 고무로 만든 코르셋도 도입이 되었지만 인기를 끌지는 못했다.

영국은 전쟁 중에 상류층 사람들에게서 태도의 변화를 느꼈다. 사람들은 애국심을 발휘해 함께 뭉쳤다. 군복은 누구에게나 허용되는 패션이 되었다. 배급제는 전보다 더욱 혹독해졌으며, 여성들이 읽는 출판물에서는 그녀들이 가지고 있는 오래된 옷감, 커튼, 그리고 시트를 고쳐서 사용할 것을 권장했다.

프랑스는 나치를 지지하는 단체와 저항세력으로 나뉘었다. 여성들은 그들에게 주어진 일에 맞는 복장으로 민간인 복장, 농민 복장, 또는 독일 군인들의 시선을 끌기 위한 섹시한 의상을 입기도 했다. 몇몇 여성들은 그들의 저항을 표시하는 위험한 옷을 입거나 크고 색이 화려한 모자와 짧은 스커트를 입었다.

전쟁이 끝난 후 기술의 발전은 시장에 리퀴드 아이라이너, 고체 라이너, 스틱 아이섀도, 방수 크림 마스카라, 메이크업 리무버, 아이래시 컬러(eyelash curler) 등의 새로운 상품들이 넘쳐나게 했다. 아이라이너는 크고 예쁜 사슴 같은 눈이 다시 유행하면서 중요한 화장품이 되었다. 아이라이너 펜슬, 아이섀도, 마스카라는 예뻐지고 싶은 여성들에게는 필수품이 되었다. TV의 발전은 특별한 상품으로 광고하는 많은 틈새(niche) 브랜드들의 탄생에 박차를 가했다. 탠지(Tangee)의 립스틱 광고는, 립스틱이 "어떤 상황에서든 여성스럽고 사랑스러워 질 수 있는 여성 권리"를 상징한다고 표현했다.

48) 힐 뿐만 아니라 밑창 전체를 높게 한 구두를 말한다. 옷단이 넓은 플레어드 팬츠를 착용하면 구두가 가려져서 외견상 다리 길이가 길어보이는 효과가 있다.

1940년대의 하이라이트 Decade highlight

- 디올의 뉴룩(Dior's New Look) 컬렉션이 1947년에 선보여져, 여성들에게 여성스러움, 고급스러움을 부여했으며, 옷입는 것에 대한 새로운 접근을 제시했다.
- 칸 영화제가 1947년에 시작되었다.
- 맥스 팩터(Max Factor)의 팬스틱(Pan-Stik) 화장품이 유럽에서 판매되었다.
- 뷰티패치(Beauty Patch)를 "페인티드 룩(Painted look)"에 덧붙이기 위해 다시 선보였다.
- 카페지오(Capezio)가 만든 발레 신발은 패션아이템이 되었다.
- 디올(Dior)은 향수 회사를 만들고 미스 디올(Miss Dior)을 선보였다.
- 이 당시의 브래지어는 원뿔형 모양이었는데, 이는 마치 미사일데 둥근 모양을 바느질한 듯한 모양이었다.
- 다리 화장은 전쟁으로 인해 부족했던 스타킹을 대체하면서 인기를 끌게 되었다. 영국의 여성들은 차나 갈색의 식용색소를 사용해 자연스럽게 태닝한 다리를 연출했다.
- 클레어 맥카델(Claire McCardell)은 미국의 캐주얼한 의상을 발전시켰다. 그녀의 옷들은 시대를 뛰어넘는 요소를 가지고 있어, 캘빈 클라인(Calvin Klein)과 랄프 로렌(Ralph Lauren), 그리고 많은 디자이너들에게 영향을 끼쳤다.
- 영국의 맥킨도(McIndoe) 박사는 전쟁에서 얻은 부상을 치료하기 위해 성형수술을 발전시켰고, 피부 이식과 재생수술의 선구자가 되었다.
- 전쟁이 끝난 후, 나일론이 많이 공급되어 스타킹을 싸고 쉽게 구입할 수 있었다.
- 프레드릭스 오브 헐리우드(Frederick's of Hollywood)는 먹을 수 있는 속옷과 뮤지컬 팬티를 선보였고, 이로써 자극적인 속옷 공급자로서의 이미지를 구축하게 되었다.
- 코코 샤넬(Coco Chanel)은 다양한 립스틱들을 선보였다.
- 랭카스터 폭격기(Lancaster Bomber)의 이름을 따서 만든 랭카스터(Lancaster)사는 현대의 뷰티 크림의 원조격인 세럼 티슐래어(Serum Tissulaire)와 크레므 앰브리오네르(Creme Embryonnaire)를 선보였다.
- 베티 그레이블(Betty Grable)은 40년대에 가장 인기 있는 핀업 걸(pin-up girl)이었고, 다리에 100만 달러짜리 보험을 들었다.
- 레이나 혼(Lena Horne)은 헐리우드 스튜디오 MGM과 장기계약을 맺은 첫 번째 흑인 연기자가 되었다.

메이크업 The Face

COLOR PALETTE *of the* 1940s

LIQUID FOUNDATION

Warm Skin 따뜻한 피부색

POWDER

Ivory 아이보리색

Flesh 살색

ROUGE

Red/Pink 레드/핑크

BrightPink/Fuchsia 브라이트 핑크/푸시아

Rose 로즈

SHADOW

Gray 그레이

Brown 브라운

PENCIL

Dark Brown 다크 브라운

LIPSTICK

Pink Red 핑크 레드

Orange Red 오렌지 레드

Deep Red 딥 레드

Bright Red 브라이트 레드

Cherry Red 체리 레드

1940년대의 얼굴 The 1940s Face

자연스러운 아름다움(The natural beauty)

40년대 눈썹은 자연스러운 두께로 갈색 아이브로 펜슬을 사용하여 그렸다. 눈썹의 아치는 깔끔하게 다듬어 라인을 정리하였으며, 튀어나온 눈썹은 족집게로 뽑아 눈썹과 눈썹 사이를 깨끗한 형태로 유지하였다. 갈색 아이브로 펜슬은 아치 형태를 아름답게 하고 옅은 색의 눈썹을 어둡게 하기 위해 가볍게 터치하여 그렸다.

낮에는 눈꺼풀에 밝은 색상의 섀도를 사용하고 속눈썹에는 마스카라를 했다. 저녁에는 차분한 색의 섀도를 쌍꺼풀 위와 눈꼬리에 발랐다. 라이너는 거의 사용하지 않았고, 눈이 좀 더 자연스럽게 보이게 하였다.

입술은 꽉 차 보이도록 칠했고, 윗입술의 언덕 부분을 둥글게 그렸다. 립스틱은 브러시나 튜브를 이용해 발라 윗입술은 약간 과장되게 그렸으며, 립스틱 색은 입술의 중앙에서부터 입술의 바깥쪽을 향해 퍼지게 발랐다. 또한 입술에 윤기를 더하기 위해 글리세린을 덧발랐다.

파우더는 자신의 피부색에 맞는 것을 사용했지만, 여전히 연한 핑크빛을 선호하였다. 조금 어두운 색의 리퀴드 파운데이션 위에 조금 밝은 파우더를 덧발랐다.

볼은 자연스럽게 보이도록 했고 루즈는 미묘한 장밋빛 홍조를 주기 위해 광대뼈 위쪽에 바르고 관자놀이를 향해 위로 펴 발랐다. 사람들은 루즈를 위로 펴 바르는 것이 눈을 더 빛나게 만든다고 믿었다. 루즈는 파우더, 페이스트, 리퀴드 형태가 사용되었다.

마스카라는 속눈썹을 어둡게 하기 위해 갈색이나 검은색을 사용하였고, 눈 바깥쪽 코너에 두껍게 발랐다.

로렌 바콜(Lauren Bacall), 낮은 목소리와 관능적인 모습으로 알려진 여배우이자 모델, 1944년경 사진

베로니카 레이크(Veronica Lake), 미국 영화배우이며 핀업 모델, 팜므파탈 역할과 한쪽 눈을 가리는 헤어스타일로 인기를 얻었다. 1940년대 사진

마릴린 먼로(Marilyn Monroe), 헐리우드의 섹스 심벌이자 슈퍼스타, 1946년 사진

파운데이션Foundation

파운데이션은 리퀴드 타입과 팬케이크 형태로 구매할 수 있었다. 크림이나 리퀴드 타입은 얼굴과 목에 가볍게 사용하고, 매트한 마무리를 위해 라이트 파우더로 부드럽게 발라주었다. 더 가벼운 화장을 위해선, 모이스처라이저를 베이스로 사용하고 그 위에 라이트 파우더를 사용하였다.

돈 주앙(Don Juan) 페이스 파우더와 베이지색의 메이크업 베이스, 인쇄된 라벨이 붙은 판지 용기, 1940년대 초

맥스 팩터(Max Factor)의 수프림 팬케이크 메이크업(Supreme Pan-Cake Make-up), 1943년경

블러셔Blush

파우더, 크림 페이스트, 리퀴드 형태의 루즈는 볼을 부각시키는 데 사용되었다. 은은하고 자연스러운 볼터치가 인기를 끌었다. 루즈로 볼의 상부에서 위쪽을 향해 펴 발랐다.

눈Eyes

눈썹은 어느 정도 관리하였지만, 대부분 자연스러운 두께를 유지했다. 자연스러운 아치 형태가 인기를 끌었다. 흑갈색 아이브로 펜슬은 눈썹이 비어 있는 부분이나 옅은 눈썹을 어둡게 하는 데 사용되었다. 눈꺼풀은 가벼운 느낌을 유지했다. 잔잔한 느낌의 섀도를 눈꺼풀 바깥쪽에 발라 쌍꺼풀 라인을 잡아주었다. 낮 동안에는 눈꺼풀에 아무것도 바르지 않았다. 말아 올린 속눈썹은 바깥쪽 코너에 마스카라를 발라 어둡게 했다.

메이블린(Maybelline) 아이브로 펜슬, 1939년

우드버리(Woodbury) 브랜드 루즈, 에나멜 주석, 1940년대

밝은 라즈베리색의 웨스트모어(Westmore) 브랜드 크림 루즈, 에나멜 뚜껑의 금속 용기, 1940년경

듀라 글로스(Dura-Gloss) 네일 광택제 광고, 1944년

디자이너 스키아파렐리(Schiaparelli)의 큐텍스(Cutex) 알버트(Albert) 네일 광택제 광고, 1945년경

입술 Lips

윗입술을 약간 과장되게 그려서 풍만한 입술을 만들었다. 립스틱은 튜브로 직접 바르거나 브러시를 이용하여 입술을 더 세밀하게 표현하였다.

웨스트모어(Westmore) 브랜드의 미니 립스틱, 에나멜 금속 튜브(metal enameled tube), 1940년경

아트매틱(Artmatic)의 멜론색 아리스토크래트(Aristocrat) 립스틱, 금도금 황동, 1940년경

손톱 Nails

손톱은 맨 윗부분과 맨 아래 반월 부분을 제외한 나머지 부분만 칠하였다. 색은 옷 색상에 맞추어 빨강, 초록, 노랑, 검정, 파랑, 자주색을 사용했다.

세련된 사람 The Sophisticate

The 1950s

1950년대

전쟁동안 단기로 공장에서 근무하던 여성들은 전쟁 이후 다시 가정주부로 되돌아갔다. 남자들은 밖에서 경제활동을 해 돈을 벌고 여자들은 결혼을 해 가정을 보살피는 것이 사회적 풍토였다. 냉전과 조셉 매카시(Joseph McCarthy)에 의해 확산된 공산주의에 대한 국가적 피해망상은 가정과 가족의 안정을 강조 했지만 몇몇 여성들은 스스로에게 도전하며 그들의 직업을 고수하고자 했다. 이러한 새로운 커리어 우먼들은 차갑고 위협적으로 묘사되었으며, 이런 여성들은 결혼할 남자를 찾지 못할 것이라 여겨졌다.

전쟁의 승리는 미국에게 번영과 풍요로운 삶을 가져다주었다. 신용거래의 출현으로 명품을 보다 쉽게 살 수 있었다. 소비지상주의가 부각되고 평균적으로 삶의 질이 높아지면서 성공의 여부는 얼마만큼의 재산을 가지고 있는가에 따라 결정되었다. 새로운 상품들이 이러한 새로운 사회의 요구에 맞추어 만들어졌다. 전쟁 기간 동안 군대에 의한 기술의 발전은 가정 기기들의 자동화, 합성물질, TV, 그리고 제트엔진의 발달로까지 이어졌다. 당시 대부분의 광고들은 가정을 유지 관리할 책임이 있는 가정주부들을 겨냥하여 만들어졌다.

미국의 제조업이 파리에 비해 뛰어났지만, 파리가 스타일과 패션의 중심지로 부상하였다. 모델들이 신문 사회면에 등장하면서 상류층 여성들만 누릴 수 있던 특권을 즐기기 시작했다. 그레이스 켈리(Grace Kelly)는 이상적인 여성의 대표주자가 되었다.

화장품 광고 제작자들은 매우 양식화된 이미지의 전문 모델들을 기용했다. 여성들이 화장품에서 고상함을 찾게 되면서, 제조업자들은 이러한 요구에 따라 파리와 같이 세련된 장소나 로맨틱하고 흥미진진한 상품명에 초점을 맞추어 화장품 산업에 신비로운 느낌을 부각시켰다. 눈 화장은 아주 중요한 부분을 차지했다. 두꺼운 아이라이너와 좀 더 선명한 섀도가 특징인 새로운 이집트식 스타일이 50년대에 대중적인 모습이 되었다. 여성들은 항상 예뻐야 된다는 기대 때문에 언제 어디서든 화장을 해야 했다.

아이섀도, 아이라이너, 마스카라의 색은 대담하고 선명했으며 두껍게 발랐다. 보라색, 파랑색, 은색, 적갈색이 유행이었다. 현대적이라는 것은 밝은 색상의 의상을 입고, 샤프하게 각진 화장을 하되 입술은 도톰하고 관능적인 느낌을 줄 수 있는 자연스러운 색으로 바르는 것을 의미했다.
TV의 발명은 다양한 타입의 여성들을 만들어냈고, 획일적인 여성들의 모습을 탈피할 수 있는 첫 번째 계기가 되었다. 여성들은 자유로운 영혼의 말괄량이 같은 모습부터 글래머러스하고 교양 있는 여성까지 다양한 모습을 추구할 수 있었다. 데비 레이놀드(Debbie Reynolds)와 도리스 데이(Doris Day)는 전형적인 주부의 모습을 대중화시켰다. TV쇼들은 이상적인 가족의 모습을 그려냈고, 광고 제작자들은 주부들을 타깃으로 삼은 상업적인 광고들을 만들어냈다.
에스티 로더의 유스 듀(Estee Lauder's Youth Dew)는 향수를 스스로 구매하고자 하는 여성을 대상으로 한 최초의 향수였는데, 남자가 선물해 주길 기다리지 않고 여성들이 직접 향수를 사도록 권장되었다.
10대들의 화장품 구매가 시장에 영향을 미쳤다. 소녀들은 부모님들의 바람과는 반대로 그들만의 옷과 화장 스타일을 추구했다. 그들은 밝은 색의 립스틱과 눈 화장을 하고, 타이트한 청바지와 스웨터를 입었으며, 거친 로큰롤(rock n' roll) 음악에 맞춰 춤을 추었다. 오드리 헵번(Audrey Hepburn)의 짧은 머리와 개구쟁이 같은 모습, 그리고 브리짓 바르도(Brigitte Bardot)의 관능적인 모습은 10대들이 좋아하는 스타일이었다.

50년대에는 여러 가지 헤어스타일들을 선보였으며 금발은 가장 선호되는 헤어 컬러였다. 집에서 하는 염색, 부분 가발과 액세서리로 하는 실험적인 스타일이 매우 인기 있었다. 보브 스타일은 최신 유행 스타일이었다. 50년대 후반에는 큰 롤러와 헤어스프레이를 사용해 만들어내는 부판트(bouffant)[49]와 비하이브(beehive)[50]가 세계적인 유행이었다. 미용사들은 여성들에게 꼭 필요했고, 매주 미용실에 가서 머리를 다듬는 것이 일상이었다. 너무 풍성한 헤어스타일에는 모자를 쓸 수 없었으며, 가장 단순한 스타일만이 1960년대까지 살아남았다.

49) 판트: 머리를 위쪽으로 둥글게 부풀린 머리
50) 비하이브: 1960년대 유행하던 여성의 헤어스타일로 머리를 정수리 위로 틀어 올린 형태

1950년대의 하이라이트 Decade highlights

- 처음으로 일회용 립스틱 케이스가 선보여졌다. 포장은 이전보다 덜 중요했으며 실용성에 더 무게를 두었다.
- 여성들은 좀 더 근육이 발달하고 볼륨감 있는 몸매로 변했으며, 원뿔형으로 바느질된 브래지어를 입어 가슴이 더욱 앞으로 나와 보이게 했다. 가슴은 새로운 성적 매력 포인트가 되었다.
- 하워드 휴스(Haward Hughes)는 캔틸레버 브래지어(cantilevered bra)를 발명했다. 이 브래지어는 끈이 없는 드레스를 입을 때 인기가 많았다.
- 여성용 파자마와 베이비돌(Babydolls)[51]은 파자마 파티 때 10대들이 대중적으로 입는 옷이 되었다.
- 비키니는 프랑스 배우 브리짓 바르도(Brigitte Bardot)가 영화에서 입고 나온 후 인기를 끌었다.
- 중산층이 풍족한 생활을 누릴 수 있게 되었다. 이전에는 상류층만 즐길 수 있었던 칵테일파티나 디너파티, 그리고 테니스와 골프 같은 스포츠를 중산층도 즐길 수 있게 되었다.
- 로큰롤의 등장과 함께 엘비스(Elvis)가 인기를 끌었으며, 음악은 새로운 생활의 일부가 되었다.
- 터치 앤 글로우(Touch and Glow)와 러브 팻(Love Pat)과 같은 새로운 파운데이션의 등장으로 촉촉한 얼굴을 만들어 낼 수 있게 되었다.
- 아지자(Aziza)사는 마스카라를 판매하면서 틈새시장을 만들어냈다.
- "대부분의 여성들은 단조롭고 매우 절망적인 삶을 살고 있다. 화장품은, 잘만 사용한다면 이러한 삶으로부터의 멋진 탈출구가 될 것이다." – 1952년, 레브론(Revlon)의 부사장 마틴 렙슨(Martin Revson).

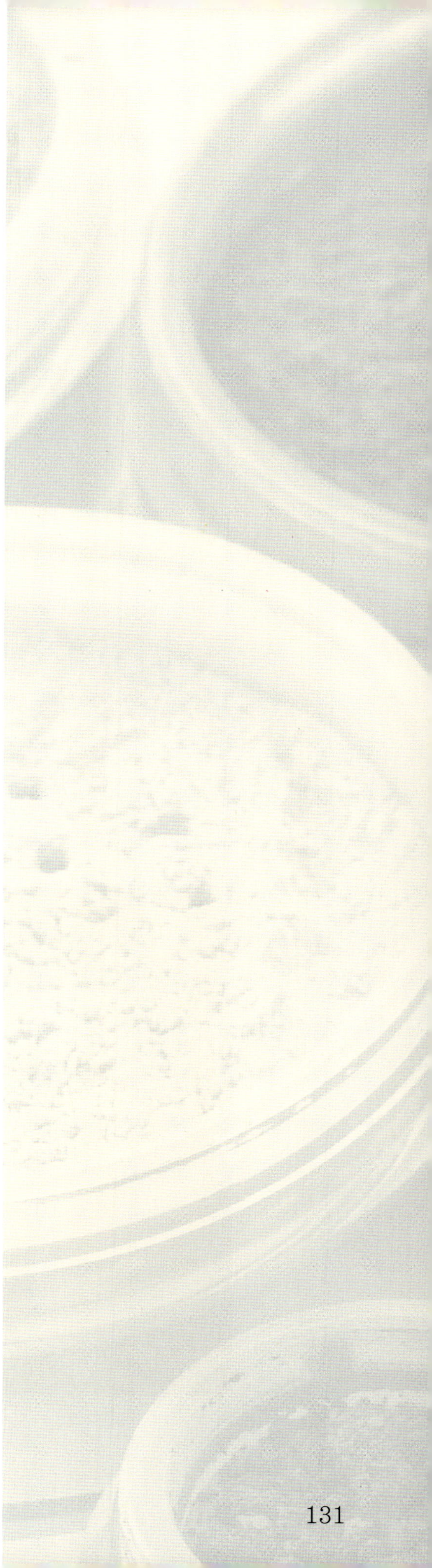

51) 길이가 짧은 여성용 잠옷

메이크업 The Face

잉그리드 버그만(Ingrid Bergman),
스웨덴 출신 여배우이자 세계적인 무비 스타, 1950년대 사진

COLOR PALETTE *of the* 1950s

POWDER

Lotus Lily Green 연잎 녹색
Flesh 살색
Rachel 황갈색

ROUGE

Light Pink 라이트 핑크
Rose 로즈
Coral 코랄
Peach 복숭아색
Pink/Orange 핑크/오렌지

SHADOW

True Gary 트루 그레이
Brown 브라운
Sapphire 사파이어
Gold 골드
Silver 실버
Light Blue 라이트 블루
Turquoise 청록

MASCARA

Black 블랙
Brown 브라운
Blue 블루

LIPSTICK

Deep Red 딥 레드
Ruchsia 푸시아
Bright Pink 브라이트 핑크
Coral 코랄
Pink/Orange 핑크/오렌지

1950년대의 얼굴 The 1950s Face

크고 아름다운 눈 메이크업(Doe eyed make up)

눈썹은 두껍고 깔끔하게 다듬었으며, 높은 아치 형태로 그렸다. 아치 형태는 눈썹의 중앙에서부터 시작된다. 갈색이나 검은색 아이브로 펜슬을 사용하여 머리카락 색에 상관없이 어둡게 만들고 모양을 주었다.

눈은 검은색 아이펜슬로 길게 늘려 크고 아름다운 눈을 만들었다. 검은색 아이라인 펜슬로 눈꺼풀 위쪽에 선을 그렸는데, 그 선은 바깥쪽 코너를 지나 위쪽으로 아치모양을 만들었다. 눈꺼풀의 아래쪽은 선을 그려 위의 선과 만나게 했다. 섀도는 눈꺼풀 위쪽부터 바깥쪽 코너까지 발랐다. 소녀들은 갈색과 핑크색의 섀도를 기반으로 이러한 모습을 연출했다.
입술은 윗입술의 봉오리를 선명하게 그려서 풍만하게 만들었다. 새로운 곡선의 입술은 서로 다른 강도의 색채를 사용해서 윗입술 봉오리에 두 개의 짧은 선으로 V모양의 곡선을 그린 뒤, 입술의 양끝에서부터 곡선을 향해 가며 입술의 나머지 부분에 색을 채워 넣는 방법으로 연출했다. 좀 더 어린 소녀들은 엷은 핑크색을 사용해 도톰하고 불룩한 입술을 만들어냈다. 립 펜슬은 존재하지 않았기에 소녀들은 갈색 아이브로 펜슬을 사용해 입술 모양을 만들었다.
진주색 파운데이션은 살색 파우더를 위에 뿌려 마무리했다. 파운데이션은 리퀴드, 크림, 압축 파우더 타입이 있었다. 연꽃(The Lotus Lily) 피부색은 내추럴 파운데이션 위에 초록색 파우더를 가볍게 입혀 만들 수 있었다. 리퀴드 타입과 크림 타입 파운데이션은 자연스러운 살깔의 파우더와 함께 사용되었다. 좀 더 어린 소녀들은 태닝 베이스를 가볍게 사용하고, 뽀송뽀송한 느낌은 피했다.
루즈의 사용은 볼에 윤곽을 형성하여 얼굴뼈를 두드러지도록 했는데, 광대뼈 위에 발라 위쪽으로 펴 발랐다. 소녀들은 볼터치를 하지 않았고, 오직 눈과 입술만 화장했다.
검은색이나 갈색 마스카라는 오로지 위쪽 속눈썹에만 사용하였다.

오드리 헵번(Audrey Hepburn), 전설적인 영국 출신 여배우, 오스카 수상자, 인도주의자, 1950년대 사진

그레이스 켈리(Grace Kelly), 매력적인 영화배우이자 모나코 공비(公妃, princess), 1956년 사진

파운데이션Foundation

내추럴 크림이나 리퀴드 파운데이션은 메이크업 베이스로 사용되었다. 살색이나 핑크빛 도는 아이보리 컬러 파우더는 파운데이션을 정리하는 데 사용되었다. 밝은 색의 파우더는 어두운 파운데이션 위에 발라 효과를 주었고, 최신 유행 패션을 추구하는 여성들은 좀 더 밝은 색 파운데이션을 선호했다. 연한 초록색 파우더는 얼굴을 밝혀주는 효과를 내는 데 사용했다. 얼굴은 뽀송뽀송하게 유지했고, 눈에 띄는 색상의 파우더는 리퀴드 파운데이션에 맞춰 사용했다.

레브론(Revlon) 브랜드 러브-팻(Love-Pat) 파운데이션 콤팩트 광고, 1954

우비강(Houbigant) 페이스 파우더, 황동 콤팩트, 1950년대 후반

블러셔Blush

루즈 컬러(rouge color, 블러셔)는 핑크(pink)보다는 복숭아 색(peach color) 볼이 인기를 끌게 되면서 점점 차분한 색으로 바뀌었다. 루즈는 광대뼈 부분의 가장 높은 곳에 발랐으며, 위쪽 방향으로 펴 발랐다. 분첩 대신 브러시를 사용하면서 사람들은 파우더 루즈를 선호하게 되었다.

눈Eyes

눈썹은 검은색이나 갈색 아이브로 펜슬을 사용해 더욱 두껍고, 어둡고, 돌출된 아치 형태로 그렸다. 또한, 깔끔하고 굵게 손질했다. 크고 아름다운 눈은 부드럽고 풍성한 속눈썹과 검은색 아이라인, 그리고 밝은 색 섀도로 표현하였다. 밝고 부드러운 느낌의 섀도는 눈썹 쪽으로 연장하면서 눈꺼풀 전체에 발랐다. 쌍꺼풀에는 더욱 어두운 색 섀도를 발라 위쪽 관자놀이를 향해 펴 발랐다. 아이라인은 눈 앞머리에서부터 시작해 뒤로 갈수록 점점 두껍게 그렸으며, 눈 꼬리를 지나서는 위로 올라가게 그렸다. 아래 속눈썹에도 라인을 그려 눈 꼬리에서 위쪽 라인과 만나게 했다.

가장 인기 있는 섀도 컬러는 녹색과 회색, 그리고 뒤이어 파랑과 무채색 계열이었다. 섀도는 눈꺼풀에 바르고 옆쪽을 향해 펴 발랐다. 케이크 마스카라(Cake mascara)는 여전히 사용되었는데, 마스카라 봉을 사용하면서 더욱 쉽게 두꺼운 속눈썹을 쉽게 만들 수 있었다. 대부분의 여성들은 오직 위쪽 속눈썹에만 마스카라를 사용했으며 모델들과 연예인들은 인조 속눈썹을 사용했다.

레브론(Revlon)의 분홍색 파우더 루즈, 황동 콤팩트, 1950년대 초

50년대에 인기 있었던 아이섀도 색

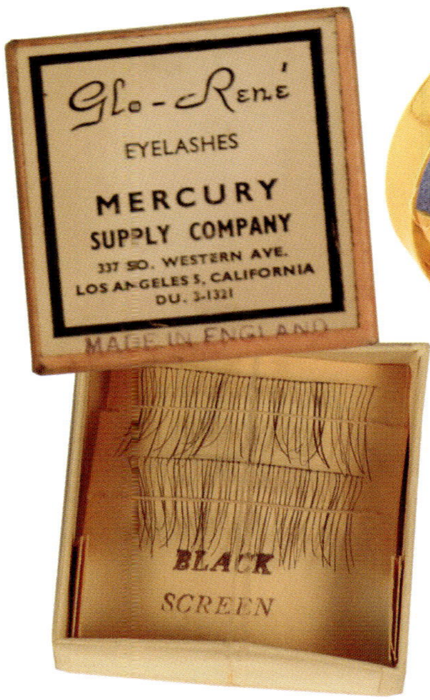

글로-르네(Glo-Rene) 속눈썹, 영국제, 마릴린 먼로(Marilyn Monroe)가 사용한 브랜드, 1950년경

DIRECTIONS FOR APPLICATION

Wash and dry lashes thoroughly. Apply thin film of EY-TEB Liquid to UPPER lashes of ONE eye—having eye not quite closed. QUICKLY—for the liquid dries VERY RAPIDLY—place strip on top of lashes immediately joining lid, carefully shaping strip to conform with curve of lid. Hold in place 30 seconds. Apply very thin film of liquid from underneath, brushing your own lashes up into strip lash. Follow same procedure on other eye. Trim to desired length.

EY-TEB Adhesive is not soluble in water. EY-TEB STRIP LASHES may be kept attached indefinitely by addition of liquid as necessary.

TO REMOVE

Should you desire to remove strip lashes for cleansing or other reason, close eyes and dampen with a little alcohol. Remove, cleanse, dry thoroughly and replace as above.

A Product of Ey-Teb Sales Corp.
18 West 20th St., NEW YORK
(Not returnable under Board of Health Regulations)
Made in U. S. A.

인조 속눈썹을 위한 리퀴드 Ey-Tab 설명서, 1950년경

입술 Lips

윗입술의 뾰족한 봉오리들은 약간씩 과장되게 그려 풍만한 입술을 표현했다. 립스틱은 튜브로 직접 바르거나, 더욱 세심하게 바를 수 있도록 브러시를 사용했다. 50년대 초반에는 밝은 빨간색을 사용하였으나 중반으로 갈수록 옅은 색을 많이 사용하게 되었다. 50년대 후반에는 트루 레드(True red), 오렌지, 핑크색이 사용되었다. 옅은 핑크색은 소녀들에게 인기가 많았다.

헤이즐 비숍(Hazel Bishop)사의 투-배럴(two-barrel) 립스틱, 1950년대 후반

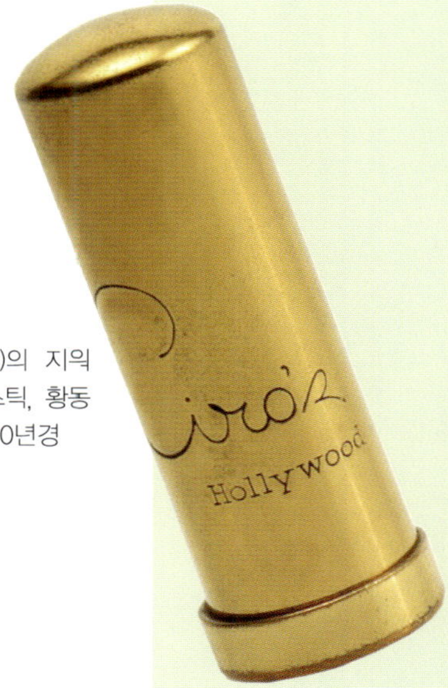

레브론(Revlon)의 지워지지 않는 립스틱, 황동 회전식 통, 1950년경

도버(Dover)의 시로스 헐리우드(Ciro's Hollywood) 브랜드의 어두운 보라색 립스틱, 1950년대 후반

큐텍스(Cutex) 브랜드 소형 매니큐어 세트 1950년대 초

손톱 Nails

손톱은 립스틱 색과 조화를 이루는 색으로 칠했다. 손톱 전체에 발랐으며, 색을 여러 층으로 바르고 섞어 다양한 느낌을 주었다.

유행의 선구자 The Swingers

The 1960s

1960년대

존 에프 케네디(John F. Kennedy)대통령은 백악관에 살면서, 그의 아름다운 아내 재클린(Jacqueline)과 예쁜 아이들과 함께 젊고 새로운 느낌의 스타일을 미국에 도입했다. 행정부에서 그의 별명은 카멜롯(Camelot)[52]이었으며, 그와 재클린은 미국 역사상 가장 로맨틱한 커플로 불렸다. 재클린의 클래식한 아름다움과 스타일은 선망의 대상이었으며, 케네디 대통령의 갑작스러운 죽음 후에도 그녀는 유행의 선도자이자 패션의 아이콘으로 인정받았다.

런던은 새로운 패션의 중심지로 급부상했으며 디자이너, 모델, 사진작가, 그리고 화가들을 앞세워 새로운 젊은이들의 문화를 만들어냈다. 새로운 패션 트렌드는 모델들의 몸매를 바꾸었고, 이전의 여성스럽고 곡선미 있던 마릴린 먼로와는 극단적으로 다르게, 삐쩍 마른 몸매가 이상적인 몸매가 되었다. 타이즈와 팬티는 몸매를 받쳐주면서도 몸을 덜 구속하는 속옷으로 움직임을 자유롭게 했다. 우주 계획은 인조 직물에 영향을 미쳤고, 이로 인해 금속과 플라스틱 소재 스타일로 우주시대 패션이 탄생했다.

록 스타들이 이 시대의 철학자가 되면서 록 음악은 젊은이들에게 문화적으로 많은 영향을 끼쳤다. 우드스톡(Woodstock)은 로큰롤을 새로운 종교로 여기는 신자들을 위한 음악 집회를 열었다. 이 집회는 "평화와 음악의 3일"이라고 광고되었고, 미국 전역에서 거의 100만 명의 사람들이 참여했다.

1950년대에 10대였고, 이제 20대가 된 사람들은 자유로운 사회와 만인의 평등을 원했다. 원자폭탄과 베트남 전쟁에 반대하는 시위를 하면서 그들은 자신들의 의견을 들어줄 것을 요구했다. 체 게바라(Che Guevara)와 같은 혁명 운동가는 젊은이들의 우상이었으며, 전쟁을 반대하는 것이 이상주의적인 것으로 받아들여졌다. 10년 전쯤에는 이러한 사상을 반역죄로 여겼으나, 민권운동이 중심에 서면서 자유, 민주적인 의견들이 대중매체를 통해 받아들여지게 되었다. 섹스는 자유롭게 토론되었고, 낙태의 합법화와 피임약은 여성들에게 원치 않는 임신을 피하면서 자유로운 성생활을 할 수 있도록 해주었다. 교육과 오픈 미디어는 계층간의 유동성을 만들어 주었는데, 이는 구시대의 기득권층을 전복시켰다. 민권운동은 백인 중심의 사회에 다양성을 주었다. 아프리카계 미국인들은 에보니(Ebony) 잡지의 발행과, 미스 아메리카 미인대회에 아프리카계 미국인으로 참가하면서 미디어의 관심을 받게 되었다.

52) 화려하고 매력 있던 시대: 미국의 Kennedy 정권 시대를 말함

메리 퀀트(Mary Quant)가 패션디자이너로 등장했다. 그녀는 이후 밝은 색상과 그녀만의 꽃문양 디자인으로 화장품 경쟁 무대에 입성했다.

가발은 엄청난 인기를 끌었고, 여성들은 자신들의 개성과 새로운 모습을 위해 가발을 썼다. 여성들은 가볍고 여린 모습의 짧은 헤어스타일, 섹시한 모드 룩(mod look)과 긴 머리, 그리고 풍성한 단발머리를 했다. 60년대 초게 이상적인 얼굴은 젊은 인상에 큰 눈, 하얀 피부, 젖은 듯한 느낌의 창백한 입술이었다. 60년대 후반에는 이국적인 색상을 사용하고 바디페인팅을 하였다.

크고 어두운 눈은 50년대보다 확실히 많아졌다. 립스틱은 비치 피치(Beach Peach), 스윙잉 핑크(Swinging Pink), 리틀 레드(Little Red)와 같은 색상으로 나왔다. 밝은 빨간색보다는 자연스러운 색조가 인기를 더 끌었다. 루즈는 이제 블러셔라고 불리었고, 흑갈색의 색조로 광대 아래쪽에 발라 음영을 만들어냈으며 이는 얼굴 형태를 다르게 보이게 했다.

인조 속눈썹은 매우 인기가 많았고, 싱글 래쉬(single lashes)부터 오늘날에 사용되는 로우 스타일(Row Style)까지 종류가 많았다. 인조 속눈썹은 흑 담비, 밍크, 그리고 사람의 머리카락을 이용해 만들었으며, 이후에는 아주 별난 색상인 호일(foils)이나 트위드(tweeds)[53]로 만들어지기도 했다.

다리 화장은 미니스커트를 입기 시작하면서 다시금 인기를 끌었다. 색이 들어간 파우더나 무릎에 바르는 루즈를 포함하여 다리를 꾸미기 위한 다양한 상품이 출시되었다. 태닝 효과를 내는 초반의 몇몇 화장품들은 피부를 오렌지색으로 만들기도 했으며, 건조한 피부에 발랐을 때에는 얼룩덜룩하게 만들어내기도 했다.

섀도 색상들은 세트로 제공이 되었다. 크림 섀도 색상들은 일회용 플라스틱 튜브에 담겼다. 금속성분이 눈, 입술, 얼굴에 사용하는 많은 화장품에 첨가되었다.

가톨릭교회가 심각한 외모 손상이나 불가항력적인 상황에는 성형수술을 해도 무방하다고 받아들이면서, 여성들은 성형수술에 대해 자유롭게 논했다.

인종의 다양성이 중요시 되었음에도 불구하고, 엘리자베스 아덴(Elizabeth Arden)은 금발을 위한 아틱 룩(arctic look)을 대중화했고, 밝은 톤의 피부를 가진 소비자들을 겨냥한 스웨덴풍의 스킨케어 컬렉션을 발표했다.

53) tweeds: 간간이 다른 색깔의 올이 섞여있는 두꺼운 모직 천

1960년대의 하이라이트 Decade highlights

- 헬레나 루빈스타인(Helena Rubenstein)이 방수 마스카라를 발명했다.
- 메리 퀀트(Mary Quant)는 60년대 가장 중요한 패션 아이템인 미니스커트를 디자인했다. 그녀는 1960년대 런던 룩을 전형적으로 보여주었으며, 영국패션의 혁명을 일으켰다. 멋진 모델들과 함께한 그녀의 첫 미국 투어는 브로드웨이의 교통을 마비시켰다.
- 비하이브 헤어스타일(Beehive hairstyle)은 60년대 초에 인기를 끌었다. 이 스타일은 이후에 비달 사순(Vidal Sassoon)의 지오메트릭 스타일(Geometric Style)로 대체되었다.
- 저메인 몬테일(Germaine Monteil) 리퀴드 블러셔와 하젤 비숍 후레시 앤 브라이트(Hazel Bishop Fresh' n' Bright) 블러셔는 1963년에 출시되었으며, 1980년대까지 인기가 있었다.
- 러시아인 발렌티나 테레시코바(Valentina Tereshkova)는 1963년 우주로 간 최초의 여성 우주 비행사이다.
- 민권운동은 마틴 루터 킹 주니어(Martin Luther King Jr.)가 1963년도에 워싱턴에서 행진하면서 최고점에 이르렀다.
- 입생로랑(Yves Saint Laurent)이 1968년에 리브 고시(Rive Gauche) 향수를 시장에 내놨다.
- 비틀즈는 1968년에 인도를 방문하고 자연의 패션과 교감을 하게 된 계기로 마하리시(Maharishi)[54]를 방문하였다.
- 닐 암스트롱이 1969년에 처음으로 달에 발을 내디뎠다.
- 여성들이 화장을 해볼 수 있고 새로운 모습들을 시험해 볼 수 있는 뷰티 카운터가 도입되었다.
- 메리 퀀트는 지퍼 피퍼 마스카라(Jeeper Peepers mascara)를 여러 가지 색으로 선보였으며, 스킷소(Skitso)라는 반반이 섞인 립스틱을 선보였다.
- 레브론(Revlon)은 에쎄라(Etherea)라는 저자극 라인의 제품들을 백화점에 너놓았다.
- "15분이면 모두가 유명해 질 겁니다."라고 앤디 워홀(Andy Warhol)이 말하였다.

54)Maharishi: [힌두교] 정신적 지도자

메이크업 The Face

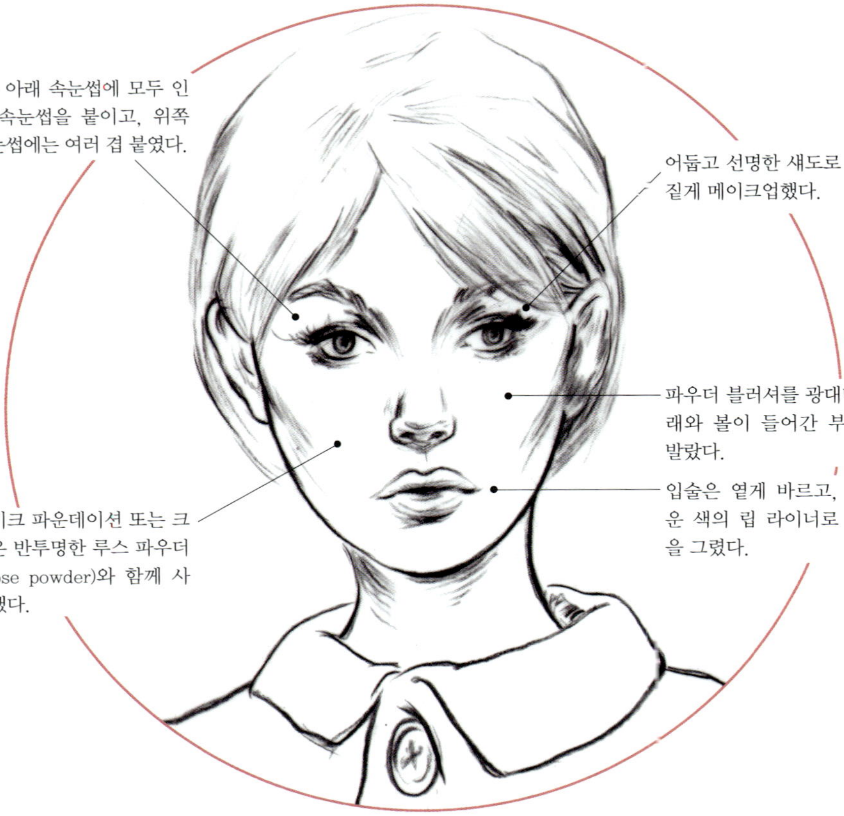

위 · 아래 속눈썹에 모두 인조 속눈썹을 붙이고, 위쪽 속눈썹에는 여러 겹 붙였다.

어둡고 선명한 섀도로 눈을 짙게 메이크업했다.

파우더 블러셔를 광대뼈 아래와 볼이 들어간 부분에 발랐다.

입술은 옅게 바르고, 어두운 색의 립 라이너로 윤곽을 그렸다.

케이크 파운데이션 또는 크림은 반투명한 루스 파우더(loose powder)와 함께 사용했다.

페넬로페 트리(Penelope Tree), 영국 패션모델, 1960년대 동향에 영감을 주었다, 1960년대 사진

COLOR PALETTE *of the* 1960s

CAKE CREAM

Flesh 살색 · Tan 황갈색

POWDER

Translucent 투명

BLUSHER

Soft Rose 연한 로즈색 · Warm Brown 따뜻한 갈색

SHADOW

White/Pink 흰색/분홍색 · Aqua 아쿠아색

Green 초록색 · Blue 파란색 · Brown 갈색

LINER LIQUID LINER

Brown/Black 갈색/검정색 · Black 검정색

LIPSTICK

Peach 복숭아색 · Frost 프로스트 · Pink 분홍색

1960년대의 얼굴 The 1960s Face

눈을 강조한 메이크업(Emphasis on the Eyes)

눈썹은 더 자연스럽게 연출했으며, 가볍게 깃털 모양을 내어주었다. 눈은 진한 섀도와 두꺼운 라이너를 사용해 강조했다. 눈의 위쪽과 아래쪽에 붙이는 두꺼운 인조 속눈썹이 인기를 끌었다. 검은색이나 갈색의 롤-온(Roll-on) 마스카라를 선보였으며, 위쪽과 아래쪽 속눈썹에 진하게 바르는 것이 특징이었다. 눈꺼풀은 위 · 아래에 라이너를 진하게 그렸으며, 눈두덩에는 섀도를 진하게 발랐다. 이후 트위기(Twiggy)가 눈 아래쪽 속눈썹 그리기를 대중화시켰다.

입술은 복숭앗빛으로 옅게 칠했으며 어두운 펜슬로 윤곽을 잡았다. 입술은 약간 과장되게 그렸으며, 진주색으로 광택을 더해 마무리했다.

피부색에 어울리는 내추럴 파운데이션이 사용되었다. 어두운 파운데이션은 태닝한 피부를 위해 만들어졌다.

볼에 바르는 루즈는 블러셔라고 불리게 되었다. 황갈색의 블러셔는 얼굴의 윤곽을 잡아주기 위해 광대 아래쪽에 사용되었다.

트위기(Twiggy), 영국 모델이자 여배우, 1960년대 중반 사진

소피아 로렌(Sophia Loren), 이탈리아 영화계의 여신, 1965년 사진

보덴(Borden)사의 셰이드 원(Shade #1)색 마르셀(Marcelle) 파우더와 펄 핑크 립스틱, 1960년

꽃모양이 엠보싱 된 금속 콤팩트, 루스 파우더를 리필할 수 있다 1960년대 후반

엔젤페이스(Angel Face)의 페이스 파우더 광고, 모델 진 슈림튼(Jean Shrimpton), 1963년

파운데이션 Foundation

맥스 팩터(Max Factor)의 고체타입이나 크림타입 파운데이션이 인기상품이었다. 피부를 투명해 보이게 하는 루스 파우더도 모델과 스타들의 영화 출연으로 인기를 끌게 된 상품이다.

시네마티크(Cinematique)의 리퀴드 메이크업, 1966년

보덴(Borden)사의 펄 핑크 마르셀(Marcelle) 립스틱, 1960년

블러셔Blush

파우더 타입의 블러셔는 광대 아래쪽과 볼이 들어가는 곳에 발랐다. 웜 브라운 컬러를 사용했으며, 광대뼈 아래쪽부터 얼굴 옆쪽까지 좁은 삼각형 모양으로 길게 발랐다.

눈Eyes

눈에는 어둡고 선명한 섀도를 진하게 발랐다. 하얀색의 베이스 섀도는 속눈썹부터 눈썹방향으로 파우더 또는 크림스틱으로 발랐다. 그 다음 청록색, 초록색, 파란색 섀도를 눈꺼풀위에 덧발랐다.
쌍꺼풀은 명확한 반달 모양으로 어둡게 칠했다. 유행에 앞서가는 여성들은 검은색 아이라이너를 사용했고, 단아한 여성들은 흑갈색 아이라이너를 사용했다. 아이라이너는 눈 안쪽에서부터 가늘고 긴 삼각형의 모양으로 그렸다. 라인이 눈 끝을 지나도록 그렸다. 아래에 그린 아이라인은 위 라인과 동일한 모양으로 그렸고, 위 라인과 만나지는 않으면서 수직으로 그렸다.
인조 속눈썹은 위 · 아래 속눈썹 위에 붙였으며, 가끔은 위쪽 속눈썹에만 몇 쌍을 붙이기도 했다. 속눈썹은 검은색이나 흑갈색 마스카라를 사용했다. 60년대 말에는 영국 모델인 트위기(Twiggy)를 따라 검은색 펜슬로 아래 속눈썹을 그리기도 했다. 눈썹은 자연스럽게 연출했으며, 갈색 파우더 섀도로 가볍게 깃 모양을 내 주었다.

벤나이(Ben Nye) 루즈, 1967년

알메이(Almay)의 더블 블러셔 광고, 모델 셰릴 티그스(Cheryl Tiegs), 1968년

라 팜므(La Femme) 브랜드 마스카라, 1960년대 후반~1970년대 초반

코티(Coty)의 인조 속눈섭 키트 광고, 1967년

맥스 팩터(Max Factor)의 소프트 룩(soft look) 아이섀도 광고, 1961년

아지자(Aziza)의 눈 화장품 광고, 1966년

입술 Lips

입술은 일반적으로 옅은 색을 사용했다. 입술의 모양을 더 분명하게 하기 위해 어두운 색의 립 라이너로 윤곽선을 그렸다. 윗입술은 약간 과장되게 그렸으며, 연한 분홍색이나 복숭아 색 립스틱을 사용했다. 립글로스는 투명하거나 옅은 색상을 사용하였다.

코티(Coty) 크림스틱(Cremestick) 립스틱 광고, 1966년

레브론(Revlon)의 퓨처라마(Futurama)립스틱 리필, 1960년

맥스 팩터(Max Factor)의 손톱 광택제와 어울리는 캘리포니아 컬러 갤루어(Califonia Colors Galore) 립스틱 광고, 1963년

손톱 Nails

손톱은 가볍게 유지했고, 광택이 있는 불투명한 하얀색 매니큐어를 발랐다.

맥스 팩터(Max Factor) 금속 꽃 모양 양각무늬 팝업(pop-up)립스틱 케이스, 1960년대

1960년대 패션의 모습

Historical TIMELINE 시대적 타임라인

1977년 ~ 2002년

1977년

아크릴 네일은 유리섬유로 된 네일로 대체되었다.

1983년

화상 피해자들의 새로운 피부를 만들기 위한 목적인 콜라겐과 실리콘이 화장품에 처음으로 사용되었다.

1984년

화장품 회사 M·A·C 창립

1985년

화장품 산업은 미국에서만 1년 동안 20억 달러의 수익을 냈다.

1988년

로레알(The L'Oreal company)은 미국의 선구적인 화장품 브랜드 중 하나인 헬레나 루빈스테인(Helena Rubinstein)을 사들였다.

1995년

화학자들은 비타민 C를 안전화 시켰고, 헬레나 루빈스타인(Helena Rubinstein)이 포스 C 페이셜 크림(Force C facial cream)을 선보였다.

1991년

색깔이 함유된 아크릴 네일이 도입되면서 사람들은 네일 광택제를 이용하지 않아도 됐다.

1998년

명성 있는 브랜드들을 모아 놓아 셀프 서비스가 가능하도록 한 세포라(Sephora)가 뉴욕에서 오픈했다.

1996년

로레알(The L'Oreal company USA, Inc.)이 메이블린(Maybelline)을 사들였다.

FDA(미국 식품의약국)는 보톡스(Botox)를 주름에 사용하는 화장품으로 승인하였고, 이로 인해 현재 가장 인기 있는 주름 제거제로 각광받게 되었다.

2002년

셀프 태닝 방이 더 많이 만들어졌고, 고객들은 그곳에서 방출되는 브론저(bronzer) 스프레이로 5분 안에 태닝을 할 수 있었다.

새로운 세대 A new generation

The 1970s

1970년대

리차드 닉슨(Richard Nixon)이 대통령으로 있을 때이다. 1972년에 뇌물 수수와 관련하여 그가 일으킨 워터게이트(Watergate) 스캔들, 권력 남용, 정의의 폐색에 의한 닉슨 행정부로 인해 미국 정부는 부정적인 시선을 받게 되었다. 1974년에 그는 대통령직에서 물러나는 최초의 미국 대통령이 되었다. 인플레이션, 기름 부족, 그리고 병사들이 베트남에서 집으로 돌아가게 되면서, 이러한 변화들은 새로운 인식을 받아들이는 분위기를 만들어 냈다. 그중 하나는 여성들이 더 이상 나약하고 영향력 없는 사람으로 살 수 없다는 생각이었다. 이렇게 불안한 시기는 여성들의 움직임과 환경에 대한 우려, 북미 원주민들의 권리, 그리고 정치적 힘을 찾는 시작점이 되었다. 페미니즘은 글로리아 스타이넘(Gloria Steinem)에 의해 시작되었고, 그녀는 미스 매거진(Ms. Magazine)을 발간하여 이 잡지를 "자유를 얻은 여성들을 위한" 책이라고 선포했으며, 이 잡지는 "젤리를 만들기 위한 책이 아닌 당신 스스로의 삶을 통제하는 법을 가르쳐 주는 책"이었다. 레브론(Revlon)의 찰리(Charlie) 향수 광고에서는 밖에서 일을 하는 여성을 바쁜 생활에 맞춰 변화하는 자유롭고 당당한 모습으로 담아냈다. 그녀는 젊고, 매력적이고, 힘이 넘치며, 무엇보다도 독립적이었다. 미국 여성들은 처음으로 파리패션을 따라가지 않고, 계속 미니스커트를 입었다. 런던의 작은 양품점에서 시작된 핫팬츠는 남성과 여성 모두에게 인기가 매우 많아서 승무원, 은행직원, 회사원들이 입어도 좋은 옷으로 인식되었다. 핫팬츠는 종종 고고부츠(go go boots)와 함께 입었다. 패션 트렌드가 평범한 스타일로 유지되면서 화장은 개인을 표현하는 수단으로 여겨졌다. 차가운 파랑색과 초록이 조화로운가, 따뜻한 빨강과 갈색이 조화로운가와 같이 본인이 어울리는 색을 찾는 것은 자기 자신의 모습을 분명히 하는 것을 도와주었다. 화장의 질감은 피부와 어우러지도록 크림같이 부드럽고 매끄럽게 바뀌었다. 70년대의 모습은 상쾌하고, 자연스러우며, 햇빛에 그을린 것과 같은 모습이었다. 햇빛에 사로잡힌 여성들은 햇빛이 피부에 주는 피해로부터 피부를 보호하지 않았다. 후에 햇빛에 피부를 노출시키지 않고도 금색 크림과 반짝이는 금색 젤로 피부를 어둡게 만들고, 반짝이는 구릿빛 피부를 만들 수 있었다. 태닝은 인기가 많았고, 모노키니(monokini)[55]의 발명으로 해변에서 가슴을 훤히 드러내곤 했다. 브래지어를 입지 않는 것은 독립적인 여성의 표현이었다. 독립적인 여성들은 그들의 몸매를 관리했으며 몸매 유지를 위해 노력했다. 다양한 식단과 운동 프로그램들, 새로운 다이어트 식품들이 많이 나왔다. 헬스클럽이 전국적으로 생겼고, 운동이 대유행함에 따라 웜-업(Warm-up)슈트가 인기를 끌었다. 이 슈트에 맞

55) (여성용의) 등과 옆구리를 깊이 판 비키니에 가까운 원피스 수영복

춘 머리띠는 색상이 다양했다. 이 옷들은 주로 70년대에 주름이 잘 생기지 않는 폴리에스테르를 주로 사용했다. 저지 랩 드레스(jersey wrap dress), 팬츠 슈트(pants suit), 그리고 타이트한 디자이너 청바지는 호리호리한 몸매를 뽐내기 위해 만들어졌다. 강력한 여성시대는 단지 예쁜 얼굴로만 알려져 있는 것이 아닌 패션모델과 잘 맞았다. 그들은 자연 보호와 건강에 대한 문제와 같은 현시대의 이슈에 대해 말하였고, 자선사업을 후원했다. 마리사 베렌슨(Marisa Berenson), 로렌 허튼(Lauren Hutton), 마고 헤밍웨이(Margaux Hemingway), 셰릴 티그스(Cheryl Tiegs), 크리스티 브링클리(Christie Brinkley)는 광고회사들이 좋아하는 건강하고 탄탄한 이미지의 소유자들이었다.

1972년에 허튼은 울티마 II(Ultima II) 화장품을 광고하는 대가로 1년에 175,000달러라는 엄청난 돈을 벌었다. 여배우들과 70년대 TV 스타인 파라 포셋(Farrah Fawcett)의 거칠고 탄력 있으며, 깃털처럼 풍성한 금발은 그 시대를 대표하게 되었다. 그녀의 얼굴이 들어간 포스터는 수백만 장이 팔렸고, 여러 헤어스타일과 화장품에 영감을 주었다. 헤어 드라이기, 고데기, 히팅 롤러(heating roller)는 탄력 있고 자연스러운 머리 스타일을 연출하기 위해 사용되었다. 다른 헤어스타일로는 아프로 펌(Afro perm)[56]이 있으며, 아프로 펌은 포크처럼 생긴 특별한 빗을 사용하여, 머리카락을 얇게 말은 다음 빗으로 머리를 둥글게 띄우는 스타일이다.

1974년에 트래버 소비(Trevor Sorbie)가 고안해낸 헤어스타일도 인기를 끌었는데, 1976년에 피겨 스케이터 도로시 해밀(Dorothy Hamill)이 이 헤어스타일을 하고 올림픽에서 금메달을 따면서 이 스타일은 더욱 큰 인기를 끌었다. 그녀의 짧은 단발머리는 해밀 웨지(Hamill Wedge)라는 별명을 가지게 되었고, 이 스타일은 1970년대의 대표적인 모습으로 자리 잡았다. 휴식과 자연적 치유법들이 피부를 좋게 한다고 밝혀지면서 식물성 재료들이 프랑스에 도입되었다. 이는 아로마테라피(aromatherapy)라는 이름으로 미국에 건너가게 된다. 곡물인 밀과 홉(hop)에서 추출한 미생물과 세럼, 해조류와 백합을 기반으로 하는 화장품들이 소개되었다. 코코넛 기름과 꽃 추출물로 만들어낸 상품들의 피부보호 기능이 제기되었으며, 캐비어는 피부에 활기를 주는 효과가 있다고 광고되었다. 샤넬과 입생로랑을 선두로, 유럽의 대표적인 여성브랜드들이 화장품 시장에 뛰어들었다. 그들은 부드러운 질감의 대담한 색상을 띄는 립스틱을 선보였다. 몇몇 립스틱들은 자외선 차단 효과를 가지기도 했다. 건강한 구릿빛 피부가 유행이던 시대가 끝나면서, 펑크(Punk) 스타일이 인기를 끌기 시작했다. 펑크(Punk) 스타일은 "내일은 없다"는 라는 말을 생활의 모토로 했으며, 도발적이고 쇼킹한 룩을 추구했다. 펑크스타일의 사람들은 머리를 화려한 색상으로 물들이고 뾰족하게 세웠으며, 문신과 진한 화장을 했다. 그들은 섹스 피스톨즈(Sex Pistols)와 클래시(Clash) 같은 록그룹의 음악을 들었으며, 가죽으로 된 의상과 찢어진 옷들을 입었다.

1970년대의 하이라이트 Decade highlights

- 엘넷(Elnett) 헤어스프레이와 페트롤 한 로션(Petrole Hahn Lotion)과 같은 헤어 제품들이 시장에 넘쳐났다.
- 일반인들도 성형수술을 할 수 있게 되었다.
- 프랑스에서 도입된 식물성 약품들과 아로마테라피가 인기를 끌었으며, 해조류로 만든 목욕용품, 밀에서 추출한 미생물, 백합을 원료로 한 화장품들이 인기를 끌기 시작했다.
- 뉴욕의 메이크업 아티스트 트리시 맥에보이(Trish McEvoy)가 화장품도구 시장의 결점을 지적했다. 그녀는 품질이 좋은 화장용 브러시를 만들어 냈고, 이를 소비자들에게 선보였다.
- 패트릭 알레스(Patrick Ales)는 자외선 차단을 위한 헤어제품 라인으로 피토플래지(Phytoplage)를 만들었다.
- 빌 게이츠(Bill Gates)와 폴 알렌(Paul Allen)이 1975년에 마이크로소프트 회사를 설립했다.
- 애플 컴퓨터 회사가 1976년에 설립되었다.
- 클라란스(Clarins)는 버스트 케어(Bust-Care) 제품을 만들었다.
- 1977년에 스타워즈는 수백만 명이나 되는 사람들의 상상력을 사로잡았으며, 특수효과에 커다란 혁명을 불러 일으켰다.
- YSL이 1978년에 화장품라인을 도입했다.
- 에스티 로더(Estee Lauder)가 자외선 차단 기능이 더해진 리-뉴트리브(Re-Nutriv)크림을 선보였다.
- "세상에 못생긴 여자는 없습니다. 오직 자신을 알지 못하는 여성들만 있을 뿐이죠." – 마르셀 보르게세(Marcella Borghese)

56) 머리카락을 굉장히 구불구불하게 만드는 펌으로 흑인들의 머리와 비슷하게 만들어진다. 철사나 가는 롯드로 부스스한 펑키스타일을 만드는 펌

메이크업 The Face

위 · 아래 속눈썹에 마스카라를 사용하고, 반짝이는 섀도(shimmer shadows)는 눈꺼풀 위쪽에 칠했다.

눈썹은 투명 마스카라로 빗고, 다듬어 자연스럽게 두었다.

라이트 리퀴드 포뮬라(liquid formulas)와 유백색이나 진주 빛깔의 파우더는 건강한 혈색을 위해 사용하였다.

브론저(bronzer) 파우더는 얼굴 전체에 아낌없이 발랐다. 광대에 불그스름한 색조는 얼굴을 자연스럽게 보이게 했다.

반짝이는 투명한 글로스나 핑크와 누드 펄 립스틱을 입술에 발랐다.

파라포셋(Farrah Fawcett), TV 스타이자 70년대 섹스 심벌. 1977년 사진

COLOR PALETTE *of the* *1970s*

LIGHT LIQUID
Flesh 피부색

LIQUID OR CREAM
Tan 황갈색

POWDER
Opalescent/Iridescent 유백색/ 무지개빛

BLUSH
Light Pink 라이트 핑크

SHADOW
Light Blue 밝은 파랑

Dark Brown 어두운 갈색

Lightest Blue 아주 옅은 파랑

Light Purple Frost 밝고 차가운 보라

Light Green 라이트 그린

LINER
Kohl 콜

LIPSTICK OR LIPGLOSS
Peachy Pink 복숭앗빛 핑크

Pink Frost 차가운 핑크

Light Peach Frost 밝고 차가운 복숭아 색

Nude Frost 차가운 누드

Earth Coral 황토빛 산호색

Fuchsia Gloss 자홍색 글로스

1970년대의 얼굴 The 1970s Face

구릿빛 그리고 윤기 있는 피부(Bronzed and glossed)

70년대의 여성들은 태닝한 피부와, 탄탄한 몸매, 자연스러운 모습을 원했다. 여성들은 자신의 모습이 심플하고 여유로워 보이길 원했으나, 사실 이 모습을 얻기 위해선 많은 노력이 필요했다. 구릿빛 피부를 위해 갈색 태닝 브론저(bronzer)가 얼굴에 많이 사용되었다.

쉬머(shimmer)는 광대를 부각시켜주기 위해 많이 사용되었으며 자연스러운 복숭아 색과 분홍색이 애용되었다. 본인의 피부톤과 맞는 색상의 파운데이션을 사용했고, 자연스러운 모습을 연출하기 위해 가볍게만 발랐다. 70년대의 가장 대표적인 섀도 사용법은 바나나 모양으로 섀도를 쌍꺼풀 위에 그려낸 후, 눈꺼풀 맨 위의 윤곽을 섀도로 다시 한 번 잡아주는 방법이었다. 이 화장을 검정색과 하얀색으로 표현하는 것이 70년대에 가장 획기적인 트렌드 중에 하나였다.

크림 섀도가 처음 출시되었다. 70년대에는 눈꺼풀에 서로 잘 어울리는 세 가지 색조의 진한 섀도를 발랐고, 눈을 반짝이게 하는 쉬머(shimmer)가 점차 인기를 끌었다.

"L" 셰이프("L" shapes) 루즈가 유행하기 시작했다.

60년대에 등장한 인조 속눈썹은 70년대에 들어서도 인기를 끌었지만, 모양은 전보다 길고 자연스러운 모양으로 변하였다. 이러한 얇고 자연스러운 스타일의 인조 속눈썹은 눈의 위쪽과 바깥 코너에 많이 사용되었다.

입술은 낮에는 연한 피치(peach) 색과 핑크(pink) 색을 발랐으며, 밤에는 윤기 있고 활기찬 느낌의 색상들을 발랐다. 가끔 옅은 갈색의 입술은 파운데이션을 사용해 색을 입히기도 했다.

눈썹은 빗질을 해 자연스럽게 두었다.

눈은 진한 파스텔 섀도를 사용하여 눈을 강조했다.

밤에는 두꺼운 아이라인도 그렸으나, 낮에는 그리지 않거나 아주 얇게 그렸다.

검은색이나 갈색 마스카라를 눈썹에 발라 낮에는 자연스러운 모습을 연출하고, 밤에는 강렬한 인상을 연출했다.

액세서리와 의상 디자이너인 재클린 스미스(Jaclyn Smith), 1977년 사진

모델 겸 배우 셰릴 티그스(Cheryl Tiegs), 1979년 사진

파운데이션 Foundation

화장을 하지 않은 것처럼 보이기 위해 액체 타입의 파운데이션을 가볍게 바르는 것이 인기 있었다. 이는 전체적인 피부 톤을 정돈해주고, 잡티들을 가리기위해 사용되었다. 페이스 파우더는 뽀얗고, 광택이 있으며, 펄 입자가 더해져서 얼굴에 발랐을 때 더 건강한 얼굴로 보이게 만들어주었다.

커버 걸(Cover Girl)의 클린 메이크업 파운데이션 광고, 1976년

레브론(Revlon)의 내추럴 원더 오일 프리(Natural Wonder Oil-Free) 메이크업 광고, 1971년

맨레이&제임스(Menley&James)가 만든 러브 코스메틱(Love Cosmetics)의 파운데이션과 블러셔 광고, 1972년

블러셔Blush

브론저(bronzer)가 얼굴에 많이 사용되었으며, 고루 펴 발랐다. 넓은 붓을 이용해 볼 주위, 코 끝, 턱 주변, 헤어 라인까지 넓게 발랐다. 색상은 피부색보다 두 단계 정도 어두운 색을 사용하였으며, 이는 자연스러운 모습을 연출해 냈다. 블러셔(Blush)는 광대부분에 사용되었다.

블러셔의 색은 얼굴의 홍조보다 어두운 색상을 사용했고, 밝은 피치(peach_복숭아)색이나 라즈베리(raspberr_산딸기)색을 대표적으로 사용했는데, 이를 고루 펴 발라 자연스러운 홍조처럼 보이게 하였다. 하이라이터가 광대 위쪽에 사용되기도 했다.

아지자(Aziza)의 내추럴 러스터 블러셔(Natural Lustre Blush) 광고, 모델 브룩 쉴즈(Brooke Shields), 1979년

파베르제(Faberge)의 콤팩트 치크 컬러 블러셔(Compact Cheek Colors Blush) 광고, 1975년

눈 Eyes

눈은 살짝 반짝거리는 파스텔 톤이 특징이었다. 검은색 마스카라와 아이라이너, 반짝거리는 섀도를 이용하여 눈을 더욱 인상적으로 만들었다. 70년대 후반에는 부드러워 보이는 메이크업이 유행하였으며 파우더 대신 커버력이 우수한 파운데이션을 사용하였다. 낮에는 마스카라를 위쪽과 아래쪽 속눈썹 모두에 사용했다. 눈썹은 투명마스카라로 빗질하여 깔끔하게 정돈했는데, 자연스럽게 연출하기 위해서 가볍게 발라주었다. 또한, 속눈썹 언더라인을 따라 하얀색 아이펜슬을 이용하였다.

밤에는 낮과 반대로 극적인 연출을 많이 했다. 세 가지 화려한 색상의 섀도가 사용되었는데, 굉장히 밝고 은은하게 반짝이는 섀도, 중간 톤의 섀도, 그리고 어두운 섀도를 사용했다. 이 섀도들은 대개 같은 계열의 색상이지만 톤이 달랐는데, 예를 들면, 한 가지 섀도가 아주 연한 푸른색(baby blue)이라면, 다른 두 가지 섀도는 회색빛이 도는 푸른색(blue gray), 그리고 감청색(navy)인 것이다. 속눈썹부터 쌍꺼풀 라인까지는 광택이 나는 진주 빛(pearlescent) 중간 색조를 사용하였고, 쌍꺼풀과 위쪽 눈꺼풀의 바깥쪽 코너에는 가장 어두운 색상의 섀도를 사용했다. 그리고 눈썹 바로 밑 눈썹 뼈 부분과 눈꺼풀의 안쪽 코너에는 가장 밝은 섀도가 사용되었다. 가장자리는 고루 펴 발라 그러데이션을 주어 경계를 풀어주었다. 그런 다음에 섀도 브러시를 이용하여 눈꺼풀 전체에 파스텔 톤의 반짝이는 섀도를 자연스럽게 펴 바르고, 작은 섀도 브러시를 이용하여 같은 섀도를 눈 아래에 라인처럼 그려주었다.

저녁에 검은색 아이라이너를 이용하여 눈꺼풀 위에 아이라인을 그려주었는데 눈꼬리부터 시작하여 안쪽으로 그려주었다. 고양이 눈(cat eye look)을 연출하기 위해서 라인을 본래 눈꼬리보다 조금 올려서 그렸다. 눈 아래쪽도 검은색 라이너를 이용하여 아이라이너를 그려주었다. 풍성한 인조 속눈썹은 더 깊은 인상을 줄 수 있어 저녁 메이크업에 많이 사용되었다.

메이블린(Maybelline)의 블루밍 컬러즈 트래블러(Blooming Colors Traveler) 키트 광고, 1973년

레브론(Revlon)의 그레이트 아메리칸 아이 메이커스(Great American Eye-Makers) 섀도 광고, 1971년

야들리(Yardley)의 섀도 Sheen과 아이 메이크업 화장품 광고, 1972년

메이블린(Maybelline)의 아이 컬러 스타일러 (Eye Color Styler) 펜슬 라이너 광고, 1979년

야들리(Yardley)의 믹시스 핑거 믹스 (Mixis Finger Mix) 아이 메이크업 화장품 광고, 1970년.

맥스 팩터(Max factor)의 윕 크림 립스틱 (Whipped Creme Lipstick) 광고, 1975년

입술 Lips

낮 동안에는 반짝거리는 투명 글로스나 자신의 입술 색과 비슷한 컬러의 립밤(lip balm)을 사용하였다. 핑크와 누드 펄(nude pearl)은 가장 인기 있는 색상이었다. 립 라이너를 이용하여 입술 선을 분명하게 해주는 것도 특징이었다. 더욱 극적인 연출을 하고 싶을 때는 화려한 딥 레드(deep red) 색상의 립스틱을 사용하기도 하였다.

밤에는 이보다 더 선명하고 생기 넘치는 모습을 위해 반짝이는 투명 글로스를 딥 레드 립스틱 위에 덧발라 사용하였다.

메이블린(Maybelline)의 키싱 포션(Kissing Potion) 립글로스 제품, 1970년대

베이베(Babe)의 립 메이크업 화장품 광고, 1977년

크리스찬 디올(Christian Dior)의 트와일라잇 브라이트 네일 글로스(Twilight Bright Nail Gloss) 매니큐어 광고, 1973

손톱 Nails

손톱은 길게 길러서 펄이나 파스텔 계열, 그리고 대담한 색상의 메탈릭 네일을 발랐다.

과도한 메이크업의 시대 An Era of Excess

The 1980s

1980년대

1980년대는 대담하고 극적인 메이크업의 시대였다. "근심 없이 놀자"는 모토를 가진 디스코텍의 유행과 신세대의 등장, 여성의 사회 활동 증가 등으로 여성의 메이크업은 더 강렬하게 보이도록 하는 경향이 있었다. 이 시대 여성들은 주체적이고 자신을 가꿀 줄 알았다. 80년대의 메이크업은 얼굴에 있는 결점은 최대한 줄이고, 밝은 색으로 하어라이트를 주어 여성성을 극대화시켰다는 특징이 있다.

이 시대의 대통령은 로널드 레이건(Ronald Reagan)으로 전직 유명한 할리우드 영화배우였다. 영부인 낸시(Nancy)와 함께 이들은 미국 사회에 품격 있고 화려한 귀부인 스타일을 유행시켰다. 깔끔한 모습은 곧 권력을 상징했고, 아름다운 외모는 곧 능력 있고 성공한 사람으로 대변되었다. 또한 레이건의 경제 정책은(Reaganomics)[57]는 큰 사업가들과 부자들의 세금을 줄여주었고, 이것이 가난한 사람들에게도 이어졌다. 신용카드는 모든 소비자들이 가질 수 있었지만, 이는 후에 소비자들이 큰 빚을 떠안게 되는 결과를 낳았다. 이 시대에 쇼핑은 인기 있는 활동이자 대국민적인 취미였다.

부를 창출하는 것이 이 시대 사람들에게 주요한 관심사였다. 경영자들이 높은 급여를 받기 시작하자 MBA 과정은 큰 인기를 끌었다. "여피족(yuppies)[58]"이라는 별명이 붙은 전문직 젊은이들은 자신의 직업을 우선시했고, 높은 생활수준을 가지길 원했다. 여성 또한 이러한 유행에 맞춰 직업을 구했고, 많은 젊은 부부들은 자신들의 경제적 목표를 달성하기 위해 아이 낳는 것을 미루기 시작하였다. 많은 여성들은 "슈퍼우먼(Superwoman)" 이라고 불리며 가사와 육아뿐만 아니라 자신의 사회적 일까지 해냈다. 회색부터 자홍색(fuchsia)까지 다양한 색상의 여성 비즈니스 슈트(business suit)와 흠잡을 데 없는 차림새, 아주 선명한 메이크업은 슈퍼우먼의 대명사가 되었다. 자연스럽게 한 듯 안 한 듯한 화장은 사라져버렸다.

"프레피 룩(preppy look)[59]"은 보수적인 1950년대에 유행했던 스타일인데, 이 시대에 들어 부자들의 캐주얼(casual) 스타일이 되었다. 큰 사이즈의 옷이나, 해진 옷들이 이 프레피 룩의 특징이다. 아이조드(Izod), 랄프 로렌(Ralph Lauren), 켈빈 클라인(Calvin Klein)과 같은 아주 비싼 디자이너 라벨이 붙은 카키색 바지, 짧은 바지, 격자무늬가 새겨진 셔츠, 파스텔 색상의 브이넥 스웨터가 많이 유행하였다.

1980년대 펑크(punk) 동향도 유럽과 뉴욕 전역에서 지속적으로 발달하였다. 이들은 전투화, 뾰족한 스터드 장식, 찢어진 옷, 밝은 색으로 염색한 모히칸[60] 등으로 사회를 놀라게 하며 주목을 받았다. 고딕 룩(Gothic

57) '레이건' 과 '이코노믹스' 의 복합어이다. 경제의 재활성화를 통하여 '힘에 의한 위대한 미국' 의 재건을 기한다는 국가정책. 구체적으로는 세출의 삭감, 소득세의 대폭 감세, 기업에 대한 정부 규제의 완화, 안정적인 금융정책으로 요약된다.

58) 도시에 사는 젊고 세련된 고소득 전문직 종사자

59) 고급 옷을 소탈하고 편하게 입음

60) 머리의 가운데에만 띠 모양으로 모발을 남겨두는 스타일. 일명 닭 벼슬머리

look)은 창백한 안색과 아주 어두운 눈과 입술을 특징으로 하며, 이는 콜드 웨이브(Cold Wave)라고 불리는 펑크 운동에서 생긴 비주류 스타일이다. 10대 소녀들은 유명한 영화나 가수들의 스타일을 따라했다. 10대 소녀들은 마돈나(Madonna)와 신디 로퍼(Cyndi Lauper)를 우상으로 삼고 단순한 패션뿐만 아니라 그들의 생활양식까지 따라하려 하였다. 신디는 그녀의 치마 색과 매치되는 아주 화려한 빨강과 주황 머리색으로 유명했고, 마돈나는 자신의 노래 "Material Girls"로 진한 화장과 옷을 겹쳐 입는 레이어드 스타일(layered clothing)을 유행시켰다. 마돈나는 속옷을 겉옷처럼 입는 것, 아주 어두운 섀도를 사용하는 것, 그리고 탈색한 모발에 모발 뿌리는 어둡고 지저분하게 하는 헤어 등을 유행시킨 시대의 아이콘이 되었다.

아름다움은 경쟁하는 스포츠처럼 변해갔으며, 여성들은 그 세계의 선두에 있기 위해서는 몸매를 잘 가꾸어야 한다고 믿었다. 아름다워지기 위해서는 운동이 필요했으며 아름다운 외모를 가지기 위해 여성들은 어떤 고통도 마다하지 않았다. 에어로빅과 같은 운동이 필수가 되었고, 조깅은 가장 인기 있는 운동이었다. 운동 관련 비디오와 신축성이 좋은 운동복들이 불티나게 팔려나갔다. 미국 전역의 여성들은 시간을 쪼개서라도 운동을 하려고 했으며, 소니(Sony)사의 워크맨(Walkman)과 같은 휴대용 카세트도 덩달아 유행하였다.

80년대 후반부터 여성들은 화장품을 이전보다 더 많이 접할 수 있었다. 지방 흡입술은 여성들이 다이어트나 운동을 하지 않고도 몸매를 만들 수 있는 대안이었다.

이러한 시대적 유행에 따라 저지방, 무지방 제품들도 유행하였다. 다이어트 상품들이 마트에 가득 찼고, 건강한 음식은 곧 아름다움으로 연결되었다. 영양제가 피부를 더 젊고 아름답게 만들어 준다며 광고되며 시장에 나왔다. 비타민 칵테일도 노화를 늦추기 위해서 소비되었다.

헤어스타일을 연출하기 위해서 많은 스타일링 제품들이 필요했다. 부풀린 머리, 파마머리, 그리고 아주 볼륨 있는 헤어스타일은 반항적인 10대 소녀들부터 커리어 우먼까지 다양한 나이대의 여성들에게 인기 있었다. 회사들이 바쁜 여성들에게 더 많은 시간을 직장에 투자하기를 요구한 이례로는 on-the-go 스타일이 인기를 얻었다. 뷰티 회사들은 이에 맞춰서 헤어스프레이와 무스 등 헤어를 잘 관리할 수 있도록 하는 제품들을 다양하게 개발해냈다.

셀프 태닝(self tanning)은 건강미를 준다는 이유와 느긋하고 호화로운 생활의 대명사라는 이유로 유행하였다. 겔랑(Guerlain)은 유명한 적갈색(Terracotta) 계열의 파우더들을 개발했고, 이 파우더를 사용하여 얻는 “영원한 휴가"를 지내는 것만 같은 피부는 회사에서 일로 스트레스를 받는 여성들에게 이상적으로 비춰졌다.

슈퍼모델들은 할리우드 영화배우와 같은 유명인사가 되었고, 이상적인 외모를 위해 과도한 성형수술과 가슴수술, 광채가 나는 피부를 위해 박피도 마다하지 않았다. 이로 인해 그들을 메이크업 해주는 메이크업 아티스트들도 덩달아 유명해졌는데, 시세이도(Shiseido)의 세르주 루텐(Serge Lutens), 입생로랑(Yves Saint Laurent)의 테리(Terry), 디올(Dior)의 티엔(Tyen)을 예로 들 수 있다. 많은 메이크업 아티스트들은 고급 부티크에서 매 시즌마다 자신의 화장품 컬렉션을 선보이기도 하였다.

슈퍼모델들의 영향으로 큰 가슴도 다시금 유행하기 시작했고, 이에 따라 가슴을 더 부각시키기 위한 상품들이 나왔다. 클라란스(Clarins)는 가슴 전용 퍼밍 젤(firming gel)을 개발했고, 상점들은 데미컵(demicup)이라고 불리는 보정용 속옷을 들여왔다. 80년대 후반에는 직각어깨와 가는 허리 대신에 S라인이 가장 스타일리시한 실루엣이 되었다.

젊음을 유지하기 위해서 최신 기술을 이용한 많은 종류의 크림들이 생산되었다. 여성의 주름과 피하지방을 없애준다는 광고들은 여성들의 구매욕을 더 자극하였다. 여성들은 화장품에 대해서 더 많은 것을 요구하게 되었고, 회사들은 막대한 돈을 써가며 연구와 개발에 힘썼다. 새로운 안티 에이징 성분들이 계속해서 개발되었으며, 새로운 안티 에이징 제품들은 뚜렷한 효과를 약속하며 고가 브랜드와 약국에서 구매할 수 있게 되었다.

1980년대의 하이라이트 Decade highlights

- 그레이스 존스(Grace Jones)는 성형수술을 통해 80년대의 여성성을 극대화시킨 얼굴이 되었다.
- 전직 할리우드 영화배우였던 로널드 레이건(Ronald Reagar)은 1980년에 미국 대통령으로 당선되었다.
- 1981년에 세워진 MTV(미국의 대표적인 음악방송)는 뮤직비디오 시대를 열었으며, 뮤지션들의 패션과 스타일에 큰 영향을 주었다.
- CD(compact discs)는 1982년에 출시되었다.
- 휴대전화는 너무 크고 무겁고 비쌌지만 휴대전화를 구매할 수 있는 사람들을 대상으로 팔리기 시작하였다.
- 주요 뷰티 브랜드들은 저명한 메이크업 아티스트들을 많이 고용하기 시작하였다.
- 엘리자베스 아덴(Elizabeth Arden)은 1983년에 립스틱을 고정시키기 위한 젤인 "립 픽스(Lip Fix)"를 새롭게 선보였고 이 제품은 이 브랜드에서 가장 잘 팔린 아이템 중 하나가 되었다.
- 뉴스위크 매거진(Newsweek magazine)에서는 1984년을 "여피족의 해(The Year of the Yuppie)"라고 칭했다.
- 마돈나(Madonna)는 자신의 노래 "Material Girls"를 1985년에 음반 발매하고 자신을 따라하는 수많은 팬들을 만들어냈다.
- 겔랑(Guerlain)은 1987년에 "meteorite(운석)"라고 불리는 여러 색상의 작은 구 모양들이 모인 파우더를 만들어 냈다.
- 파코 라반(Paco Rabanne)은 1987년 프랑스에서 최초로 남성을 위한 안티링클 제품인 "Concentre Actif Restructurant"를 출시했다.
- 클라란스(Clarins)는 "L'Eau Dynamiscante"라는 향수를 건강상의 이점을 부각하여 광고하였다. 이 제품은 감각을 자극하기 위해 허브 과일, 식물 뿌리 등을 원료로 사용하였다.
- 독일의 베를린 장벽은 냉전의 종식을 알리며 1989년 11월에 무너졌다.
- "아름다움은 환상이다. 어느 여성이라도 마법 같은 차이를 단들어내는 화장법만 제대로 알게 되면 아름다워질 수 있다." – 베시 이글스(Betsy Eagles)

메이크업 The Face

크리스티 브링클리(Christie Brinkley), 미국 슈퍼모델, 1985년

COLOR PALETTE *of the* 1980s

LIGHT LIQUID
Flesh 피부색

POWDER
Natural 내추럴

BLUSH
Brick Red 벽돌색
Bright Pink 밝은 핑크

SHADOW
Electric 강청
Shimmer Brown 쉬머 브라운
Frosty Lilac 프로스티 라일락
Grass Green 연두색
Pool Blue Frost 차가운 블루
Dark Purple 다크 퍼플
Bright Orange 밝은 오렌지

LINER
Kohl 콜

LIPSTICK
Ultra Red 울트라 레드
Scarlet 주홍
Fushsia 밝은 자홍색
Chocolate 초콜릿
Orange 오렌지
Mauve Frost 찬 담자색

1980년대의 얼굴 The 1980s Face

크고, 대담하고, 밝게(Big, Bold, and Bright)

형형색색의 색상이 얼굴의 모든 부분마다 사용되었다. 메이크업 회사들은 더욱 다양한 색상들을 매 시즌마다 선보였다.

에이번(Avon), 메리케이(Mary Kay) 등과 같은 화장품 회사들은 완벽한 구성의 메이크업 키트(complete make up kits)를 선보이기도 하였다.

속눈썹은 길게 초록색, 파란색, 검은색 마스카라를 칠하기도 하였다.

1980년대의 파우치에는 튜브형의 커버 업(cover up, 컨실러), 무거운 파운데이션 한 병, 압축형 파우더 콤팩트(a pressed powder compact), 아이섀도, 핑크와 벽돌색의 블러셔, 여러 색상의 마스카라들, 그리고 빨강, 핑크, 오렌지 색상과 같은 밝은 색상의 립스틱이 있었다.

80년대의 메이크업은 얼굴을 도화지 삼은 색칠 놀이와 같았다. 그들은 말 그대로 얼굴에 그림을 그리는 것처럼, 얼굴에 새로운 얼굴을 만들다시피 화장을 했다. 이러한 메이크업은 힘과 지배의 상징이었으며, 과하게 하는 것이 좋다고 생각했다. 80년대의 메이크업은 선명한 눈과, 광대뼈를 따라 선을 그은 듯한 볼터치가 특징이다.

아이섀도는 선명하고 밝았으며, 한 색만을 사용하기 보다는 여러 가지 색을 겹겹이 사용하여 다채로운 배색 효과를 내었다. 가장 인기 있는 섀도 색상은 강청색(electric blue) 계열이었다.

울트라 레드(Ultra red) 색상의 입술은 강청색 섀도와 벽돌석을 이용하여 강하게 강조된 광대뼈와 잘 어우러졌다.

글로스(Gloss)와 반짝이는 제품들은 굉장히 인기 있었다. 마돈나(Madonna)로 인해 매력점이 유행하였고, 스티커처럼 붙이는 매력점을 이용하거나 단순하게 갈색의 아이라이너를 이용하여 그리기도 하였다.

심지어 남성도 화장품을 이용하였다. 트위스티드 시스터(Twisted sister), 머틀리 크루(motley Crue), 키스(Kiss)와 같은 메탈 밴드들이 자유롭게 화장을 했다.

패션에서의 밝고 대담한 패턴과 질감은 가구와 실내 장식에 사용되는 미니멀 쿨(minimal cool), 메탈릭(metallic), 그리고 모던(modern) 스타일과 극명한 대비를 이루었다.

줄리아 로버츠(Julia Roberts), 미국인들의 연인이자 영화배우, 1989년

브룩 쉴즈(Brooke Shields), 모델 겸 배우, 1981년

파운데이션Foundation

얼굴은 깔끔하고 촉촉한 피부로 표현했다. 크림 타입의 컨실러와 스틱 타입의 컨실러를 사용하여 눈가 주변과 얼굴에 붉은 기를 가리는데 사용하였다. 리퀴드 타입의 매트한 파운데이션은 자신의 피부 톤과 매치시켜서 경계선이 생기지 않도록 사용했다. 갈색 계열의 파운데이션을 얼굴 전체에 펴 발라서 태닝한 피부를 연출해 내기도 했다. 루스 파우더는 마지막에 메이크업을 고정시키기 위해서 사용되었다.

맥스 팩터(Max Factor)의 라이트 앤 내추럴 메이크업 파운데이션 광고, 1985년

커버 걸(Cover Girl)의 셰이프 앤 블러셔(Shape 'N Blush) 광고, 1984년

메이블린(Maybelline)의 커버 스틱(Cover Stick) 스킨 매칭 커버업 광고, 1980년

블러셔Blush

볼은 밝은 핑크색이나 벽돌색(brick red)을 사용하여 광대뼈부터 관자놀이까지 펴 발라 음영을 주었다.

눈 Eyes

아이라이너는 검은색이나 파란색, 청록색(teal)의 라이너를 이용하여 위쪽 라인과 아래쪽 라인 모두 그렸으며 점막부분까지 채워주었다. 자홍색(fuchsia)이나 밝은 톤의 파란색 섀도를 눈두덩이 전체에 채웠고, 강렬한 대비가 되는 오렌지, 핑크, 화이트 색상을 이용하여 눈썹 아래쪽에 하이라이터로 사용하였다. 속눈썹은 검은색이나 색상 마스카라를 두껍게 여러 번 발랐고, 눈썹은 약간만 다듬어 풍성하게 연출하였다.

오렌지와 밝은 블루색 섀도를 사용한 아이 메이크업

로레알 (L'Oreal)의 강렬한 색상 화장품 광고, 1980년대

맥스팩터(MaxFactor)의 새틴 섀도(Satin Shadow) 광고, 1986년

입술 Lips

입술은 자홍색이나 어두운 톤의 빨간색 라이너를 이용하여 입술 선을 살짝 과장하였고 자홍색과 빨간색 립스틱을 이용하여 채워주었다.

밝은 공작 깃털 색의 파우더 섀도들

핑크 틴트 글로스를 바른 입술

밝은 자홍색의 반짝이는 입술

메이블린(Maybelline) 모이스처 윕 글로스 스틱 (Moisture Whip Gloss Stick) 광고, 1983년

보니 벨(Bonne Bell)의 립스매커 (Lip Smacker) 립글로스, 1983년

손톱Nails

손톱은 길러서 밝은 빨강, 오렌지, 자홍색을 발라주었다. 80년대 말에 프렌치 스타일의 길고 자연스러운 손톱이 많이 유행하였다.

레브론(Revlon)의 네일 컬러 광고, 1984년

메이블린(Maybelline)의 펄리스트 매니큐어 네일 컬러(Pearliest ManiCure Nail Color) 광고, 1984년

세련되고 차분한 메이크업 Sleek and Serene

The 1990s

1990년대

이 시대의 미국은 각종 사회문제로 골머리를 앓았다. 대중매체는 에이즈, 비정규직이나 실업, 중동 지역의 문제들로 연일 시끄러웠다. 이러한 위기 상황은 새로운 변화가 필요하다는 인식을 가져왔고 이는 베이비 붐 세대인 빌 클린턴(Bill Clinton)이 미국의 42대 대통령으로 당선되는 결과를 낳았다. 주식 시장과 경제는 점차 살아나 클린턴은 재선에 성공했지만 이 두 번째 임기에서 불명예스러운 스캔들로 인해 탄핵의 대상이 되었다. 90년대 말에 미국은 다시 보수적인 리더십을 필요로 했고 이러한 사회 분위기 속에 조지 부시(George W. Bush)가 2000년에 대통령으로 당선되었다. 기술적 진보로, 세계를 빠른 속도로 연결해주는 인터넷이 개발되었다. 휴대폰과 노트 북은 쉽게 이용할 수 있었고, 대부분의 시민들이 소유할 수 있게 되었다. 인터넷의 발전으로 세계의 어느 누구와도 의사소통이 가능해지면서 이러한 세계화는 상품의 다양성과 시장 확대를 초래했다.

사람들이 이전보다 바빠졌기 때문에 먹거리 시장에도 큰 변화가 일었다. 에너지 바와 같은 식사대용의 간식이나 음식들이 불티나게 팔려 나갔다. 스타벅스(Starbucks)와 커피 빈(The Coffee Bean & Tea Leaf)과 같은 대규모 프랜차이즈 카페가 생기면서 이러한 카페는 미팅(meeting)의 장소로 사무실의 연장선뿐만 아니라 비좁고 숨 막히는 사무실의 도피처가 되기도 하였다.

1980년대의 격식을 차린 엄격한 옷차림 대신에 1990년대에는 편한 캐주얼 복장으로 유행이 바뀌었다. 편하고 격식에 얽매이지 않는 태도가 패션에도 그대로 드러났다. "평상복 출근일 또는 캐주얼 데이(Casual Friday)"라고 칭하는 편한 옷 입기 캠페인이 미국 전역의 회사들에 유행처럼 번졌다. 갭(The Gap)과 같은 의류회사는 일상복에 적합한 편안한 스타일을 선보이며 등장했다. 디자이너들은 착용감이 좋은 소재를 이용해 편한 옷이되 고급스러워 보이는 스타일의 옷을 만들어냈고, 이는 여성이 한 가지의 옷으로 일도 하고 놀기도 하는 것을 가능하게 했다.

빅토리아 시크릿(Victoria's Secret)은 광고와 패션쇼에서 나오미 캠벨(Naomi Campbell), 스테파니 세이모어(Stephanie Seymour), 클라우디아 쉬퍼(Claudia Schiffer)와 같은 슈퍼모델을 기용하기 시작하자 굉장한 인기를 얻었다. 마돈나(Madonna)가 유행시킨 1980년대의 란제리 룩(Lingerie look)은 1990년대에도 지속되어 속옷이 비치는 재킷이나 옷을 많이 입었다. 육감적이고 큰 가슴이 유행하여 가슴 확대 수술비용을 지불하지 않고도 큰 가슴을 만들어 낼 수 있는 원더브라(Wonderbra)[61]가 선풍적인 인기를 끌었다.

61) 가슴을 크게 보이도록 하는 브래지어

이 시대의 패션은 매우 다양했다. 하이 웨이스트 데님진, 꽉 끼는 타이즈형의 바디 슈트, 품이 넉넉한 바지, 베이비돌(baby-doll) 드레스, 배기 멜빵바지 등이 유행했다. 10대부터 20대 여성은 1940년대의 복고풍처럼 입었다. 그런지 룩(The grunge look)[62]은 찢어진 바지, 플란넬 셔츠, 워커 부츠 등이 특징이었는데, 이는 90년대를 주름잡는 패션 트렌드였다. 중고 의류매장과 근용품 판매점은 신세대의 옷장을 채우는 데 한 몫을 했다. 성인층은 헐렁한 카고 바지와 운동복 등을 마치 유니폼처럼 입었다.

1980년대 말 메이크업 트렌드는 여피족(The yuppies) 또는 도시의 전문직에 종사하는 젊은 사람들처럼 자연스럽고 실용적인 스타일을 다시 따르기 시작했다. 진한 메이크업은 유행에 뒤처진 스타일로 취급받았고, 최소한의 화장과 매끈한 피부로 한 듯 안 한 듯한 스타일이 다시금 유행했다. 화장을 하지 않아도 매끈한 피부가 곧 사회적 지위를 나타내었다. 여성들은 갈색 계열의 아이라이너를 사용했으며, 가끔씩 풍만한 입술을 만들어내기 위해 입술에 글로스를 바르기도 했다. 여성들은 이 복고 열풍에 따라 다시 옛 브랜드들을 찾기 시작했다. 크리드(Creed)의 향수, 르클레르(LeClerc)의 파우더는 모두 1800년대 후기에 나온 제품이지만 1990년대 시장에 다시 나오게 되었다.

헤어스타일은 얼굴 모양에 따라 단발머리, 긴 생머리, 헤어밴드를 사용하여 묶은 머리 등이 유행하였다. 글리터(glitter)를 사용했다는 것이 1980년대와 비슷한 점이지만 보는 각도에 따라서 색이 달라지는 글리터(glitter)가 메이크업과 헤어스프레이에 사용되었다는 점이 차이점이다. 가장 유명했던 헤어스타일은 제니퍼 애니스톤(Jennifer Aniston)의 턱까지 오는 풍성한 단발머리와, 맥 라이언(Meg Ryan)의 파격적인 층진 헤어스타일이었다. 붙임머리(hair extensions)와 다양한 색상의 염색은 더욱 다양하고 독특한 헤어스타일의 세계를 열었다.

새로운 음악의 등장으로 마구 바른 듯한 메이크업과 지저분한 헤어스타일의 그런지 룩도 함께 유행했다. 타투와 헤나 같은 바디 장식이 몸을 꾸미는 방법으로 인기를 끌게 되었다. 귀, 혀, 배꼽, 눈썹에 피어싱하는 것 또한 인기가 있었다. 난장판으로 떠드는 파티로 알려진 친목모임은 신세대들이 자신을 자유롭고 창조적으로 표현할 수 있는 새로운 장이 되었고, 이 때 모인 사람들은 환각을 유발하는 마약과 테크노 음악에 심취하기도 했다.

박피나 콜라겐 주입을 통한 피부 재생이나 주름 제거술이 굉장히 유행하였다. 사람들은 점점 더 젊어 보이고 싶어 했다. 물이 이에 도움이 된다고 하자 물과 관련된 상품들이 쏟아져 나왔는데, 휴대용 병에 담긴 물, 디자이너가 제작한 물, 바에서 파는 값비싼 브랜드의 물이 그 예이다. 에비앙(Evian)은 병에 핑크 라벨이 붙은 물을 판매하면서 내면과 외면의 아름다움과 건강함을 강조하기도 했다. 피부를 더 젊어 보이게 해준다는 뷰티스파(beauty spas)는 1990년에 30곳에서 1999년에 600개로 늘어났다. 호텔은 이러한 트렌드에 따라 호텔안에 스파 서비스를 제공하였다.

피하지방인 셀룰라이트를 없애기 위해서 굉장히 비싼 크림과 바디 토너들이 시장을 점령했고, 바비 브라운(Bobbi Brown)과 같은 유명 인사들의 메이크업을 담당하는 몇몇 메이크업 아티스트들은 자신의 브랜드를 런칭하는데 성공했다.

여성들이 자신들의 건강과 아름다움에 대해 관심을 가지고 더욱 신경 쓸수록, 운동과 건강한 식단은 굉장히 중요한 습관이 되었다. 바디 마사지, 요가, 필라테스와 같은 전인적인 운동도 함께 병행되었다.

케이트 모스(Kate Moss)는 날씬하고 중성적인 매력을 풍기는 새로운 "헤로인 시크(Heroin Chic)[63]"의 대명사가 되었고, 백인이 아닌 여성들을 위한 메이크업 색상들이 부족하다고 느낀 슈퍼모델 이만(Iman)은 자신이 직접 화장품 라인을 만드는데 성공했다. 반면 이사벨라 로셀리니(Isabella Rossellini)는 43세에 늙었다는 이유로 랑콤(Lancome)에서 쫓겨나자, 자신이 직접 모든 연령층의 여성을 위한 화장품 브랜드를 런칭했다. 화장품 회사들은 슈퍼모델 대신에 배우들을 광고에 쓰기 시작했는데, 일반 여성들이 자신을 이상적인 몸매와 얼굴을 가진 슈퍼모델보다는 평범한 몸매의 배우들과 더 비슷하다고 느낄 것이라 생각했기 때문이었다.

62) 1990년대 유행한 시끄러운 록 음악을 좋아하는 사람들이 즐겨 입은 룩
63) 마치 마약같이 끌어들이는 멋스러운 사람을 칭함

1990년대의 하이라이트 Decade highlights

- 조지 부시(George Bush) 대통령은 1990년에 걸프전을 위해 미군을 사우디아라비아에 배치시켰다.
- 네일 디자인에 질감을 표현하기 시작했다. 홀로그램과 석영을 이용한 몽타주 네일이 유행하였다.
- 손톱 끝에 하얀색의 짧은 사각형 모양을 한 프렌치 매니큐어(French manicure)가 네일 아트에서 가장 유행했다.
- 까뜨린느 드뇌브(Catherine Deneuve)는 입생로랑(YSL)의 Frelude a la Beaute 라인을 대표하였다.
- 프랑스의 메이크업 아티스트 로라 메르시에(Laura Mercier)는 1996년에 자신의 이름으로 화장품을 런칭했으며, "흠 잡을 데 없는 완벽함(The Flawless Finish)" 이라는 이름의 가정용 비디오를 만들어 인기를 끌었다.
- 크리니크(Clinique)는 1년에 14만 병의 파운데이션을 팔았으며, 밸런스드 메이크업(Blanced Make-up)이 가장 잘 팔린 제품이다.
- 샤넬(Chanel)은 "레 꽁뜨라스트(Les Contrastes)"라는 밝고 어두운 음영을 줄 수 있게 만들어진 제품을 만들어냈다. 매트한 얼굴로 밝은 입술과 어두운 눈 화장을 더 뚜렷하게 강조할 수 있게 했다.
- 시세이도(Shiseido)는 오 드 수앙(Eau de Soin)이라는 활기를 북돋 아주고 긴장을 풀리게 하는 향수를 만들어냈다.
- 화장을 최소화하는 것을 아름답다고 느꼈으며 이는 기본적인 스킨 톤 라인을 유행하게 만들었다.
- 시세이도는 메이크업의 색상을 줄이겠다는 철학과 함께 "레 시크레마티스트(Les Suprematistes)"를 소개했다.
- 파리의 이미지 크리에이터 세르주 루텐(Serge Lutens)은 레드, 블랙, 화이트를 최소한의 메이크업 색상으로 선택하였다.
- "Squoval" 모양은 93년 가을에 나타난 개념인데, 짧은 손톱에 네모와 둥근 모양들을 섞어서 여성스러운 손톱을 만들었다.
- 손톱 끝을 흰색으로 칠한 후 아크릴로 덮어씌우거나 금색을 바르는 것이 95년도에 유행이었다.
- 메이크업 아티스트 알렉시스 보겔(Alexis Vogel)은 그녀의 화장품 라인을 창립했으며, 그녀가 소개한 화장법은 파멜라 엔더슨(Pamela Anderson)을 성적 매력이 있는 여자로 돋보이게 만들었다.
- "80년대는 너무나 과하게 우리 자신을 표현했다. 현재는 우리 자신을 표현하되 우리의 품위를 지키는 선에서 표현해야 한다." -아이작 미즈라히(Isaac Mizrahi)

메이크업 The Face

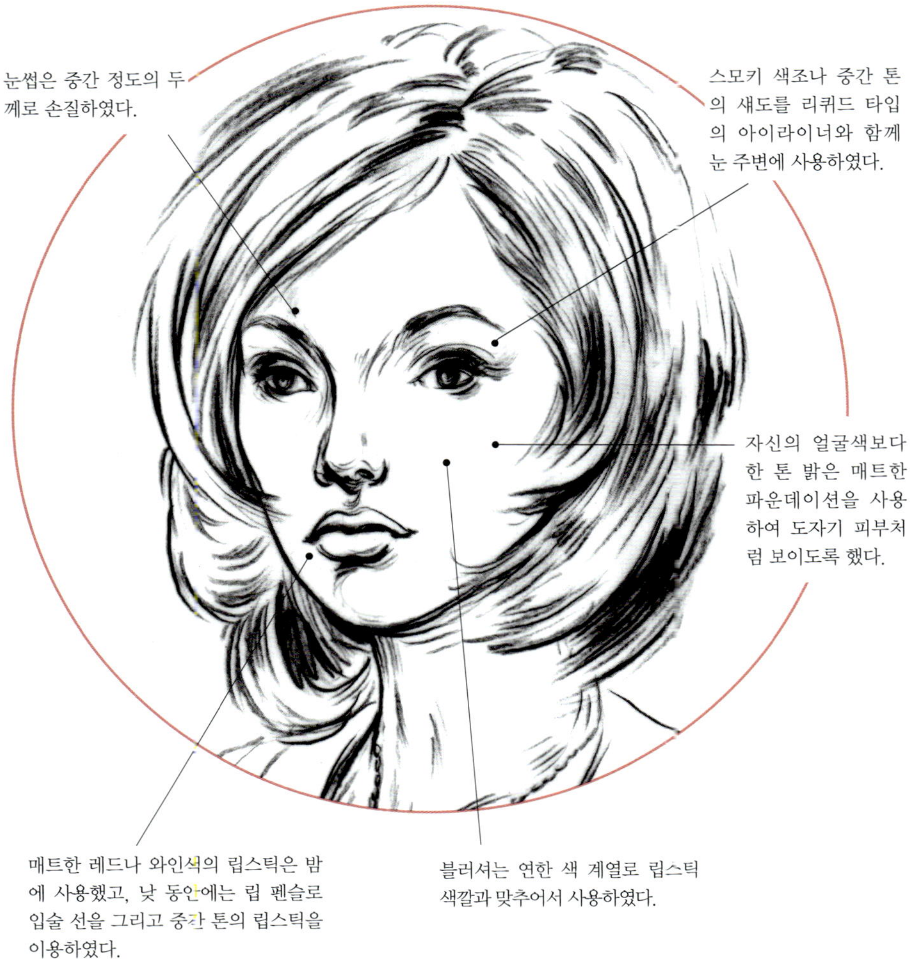

COLOR PALETTE *of the* 1990s

LIQUID OR CREAM

Porcelain Flesh 도자기 피부색
Honey 허니
Tan 황갈색

POWDER

Shimmer/Translucent 쉬머/반투명

BLUSH

Light Rose 옅은 장미
Light Coral 옅은 산호

SHADOW

Maroon 적갈색
Purple 보라
Orange 오렌지
Camel 카멜
Gray 회색
Teak 티크

MASCARA

Burgundy 버건디
Brown 브라운

LINER

Black 블랙

LIPSTICK

Smoky Rose 스모키 로즈
Red Brick 리얼 벽돌색
Matte Nude 무광 누드
Berry 베리
Scarlet 다홍색
Plum Brown 자줏빛 갈색
Nude Frost 누드 프로스트
Russet 팥죽색

1990년대의 얼굴 The 1990s Face

최고의 메이크업은 실용적인 메이크업 (Make-up Becomes Efficient)

많은 여성들이 자신의 얼굴을 윤기 흐르고 뚜렷하게 하려 메이크업을 했지만, 중간 톤의 튀지 않는 메이크업이 인기를 끌었다. 매트한 도자기 피부는 눈과 입술을 강조하는데 완벽한 피부였다.

소비자들의 욕구는 엄청나게 복잡해졌다. 더 가볍게 더 얇게 메이크업을 하되 더 예뻐 보이고 싶은 소비자들의 욕구는 화장품을 과학적으로 접근하게 했다. 대형 브랜드들은 너나 할 것 없이 새로운 기술과 새로운 재료를 찾으려했고, 이것이 그들에게 가장 중요한 목표였다. 화장품들은 더 이상 단순한 결점을 덮는 제품이 아니라, 혈색을 더 밝게 하고 주름을 없애주는 역할까지 하게 되었다.

화장품 회사들은 안티 에이징 재료들을 메이크업 제품들에 추가하였다. 비타민A와 레티놀을 첨가한 화장품들이 앞 다투어 출시되었고, 특히 에스티 로더(Estee Lauder)는 AHA(각질 제거 성분) 과일 산을 이용한 화장품을 내놓았다.

화장품 회사는 그들의 제품을 "똑똑하다"라고 표현하며, 화장품이 직접 피부의 어느 부분에 많고 적은 영양이나 수분이 필요한지를 알고 부분에 맞는 케어를 해준다고 광고하였다.

90년대 시장에는 셀 수 없이 많은 메이크업 제품들이 출시되었고, 이는 더 많은 여성들이 화장품을 접할 수 있게 만들었다. 여성들이 자신의 이미지를 만드는 데 드는 시간이 더 줄어들며, 메이크업은 한층 더 실용적이고 간편해졌다.

피부를 태닝하여 자신의 피부색보다 두 단계 정도 더 어둡게 만들었다. 야외에서 햇볕을 직접 쬐거나 태닝 살롱을 주로 이용하였다.

반짝거리는 글리터나 밝은 색 파우더를 가슴골에 바르는 게 큰 유행이 되었다.눈썹은 너무 얇지 않고 자연스럽게 다듬었으며, 약간 위쪽을 향해 그리는 경향이 있었다.

눈은 음영을 주어 살짝 올라가게 했으며, 더 길어보이도록 했다. 블러셔는 중간 톤을 사용하였다.

제니퍼 애니스톤(Jennifer Aniston) TV 및 영화배우, 1995년

카메론 디아즈(Cameron Diaz),
할리우드 배우, 1990년대 후반

나오미 캠벨(Naomi Campbell),
영국 슈퍼모델, 1990년대 후반

파운데이션 Foundation

밝은 톤의 파운데이션은 매달 새로 시장에 선보여졌으며, 90년대 후반에는 엄청나게 많은 종류의 파운데이션이 시장을 가득 채웠다.

파운데이션은 매트하면서 도자기 같은 피부를 만들기 위해 자신의 원래 톤보다 밝은 것을 선택하였다. 리퀴드 타입이나 크림 타입의 파운데이션을 얼굴 전체에 발랐고, 가루 타입을 그 위에 덧 발랐다.

크림 타입의 파운데이션은 노 메이크업 룩을 연출하기 위해서 눈두덩에 아이섀도나 아이라이너 대신 사용하기도 했다.

메이블린(Maybelline)의 트루 일루전 메이크업과 트루 일루전 압축 파우더(True Illusion Makeup and True Illusion Pressed Powder) 광고, 1999년

뉴트로지나(Neutrogena)의 헬시 스킨 리퀴드 메이크업(Healthy Skin Liquid Makeup) 광고, 1999년

블러셔Blush

볼에는 입술과 같은 색상으로 블러셔를 발라주었다.
새로운 타입의 블러셔인 리퀴드 투 파우더(liquid to powder)[64]는 광대뼈를 따라 조금씩 찍어 발라주었다. 이것은 마르면서 더 얇고, 파우더를 바른 듯한 느낌을 주는데 이는 얼굴이 더 부드럽고 자연스럽게 보이도록 했다.

볼 중앙은 최소한의 양으로 살짝 발라주어 건강한 빛을 내도록 했다. 가장 유행했던 블러셔 색상은 크림빛 도는 핑크(creamy pink), 탁한 장미(dusty rose)색, 난색도 한색도 아닌 중간(neutral)색, 구릿빛 갈색(bronze)이었다.

피지션스 포뮬라(Physicians Formula)의 펄스 오브 퍼펙션(Pearls of Perfection) 파우더 광고, 1999년

64) 바를 때는 리퀴드 타입이지만 바르고 난 후에는 파우더처럼 보임

눈 Eyes

너무 과도하지 않은 스모키 화장은 눈을 더욱 신비롭게 부각시키는 효과를 주었다. 가장 전형적인 90년대 아이 메이크업은 눈의 움푹 들어간 부분을 살짝 강조할 수 있도록 기울어진 U자 모양으로 섀도를 발라주는 것이었다. 눈의 바깥쪽 코너의 라인이 뚜렷했다.

블랙, 브라운, 투명 마스카라를 주로 사용했고, 때때로 블루, 그린 마스카라를 사용하기도 했다. 섀도는 흑갈색이 많이 사용되었는데, 이는 흑갈색이 블랙 아이섀도 라이너와 함께 더 그윽한 눈매를 연출할 수 있었기 때문이다. 하지만 섀도는 두드러지게 사용되진 않았고, 주로 리퀴드 타입의 아이라이너가 눈 둘레 전체에 발려 눈을 강조했다.

오렌지, 버건디(burgundy), 보라 등 눈에 잘 띄는 강렬한 색상은 짙은 회색(charcoal)의 스모키를 할 때 아주 조금 사용되었다. 밝은 색상은 눈꺼풀에, 어두운 색상은 쌍꺼풀에 바르고 눈썹 뼈에는 하이라이터로 아주 밝은 색상을 칠해주었다.

눈꼬리까지 그린 펜슬 아이라이너와 버건디(burgundy) 마스카라는 밤 동안의 메이크업에 사용하였다. 회색, 붉은색이 도는 황색(bisque), 카멜(camel), 검회색(smoke), 연파랑, 연녹색과 같은 단색들은 약간의 반짝이와 함께 사용되기도 했다. 펜슬 라이너는 부드럽고 뚜렷한 눈매를 연출하기 위해 사용되었다. 눈썹은 중간 정도의 두께로 다듬었는데 이는 스포티룩(sportier look)[65] 유행의 여파였다.

65) 스포츠룩을 평상복처럼 입는 패션

인조 속눈썹, 섀도, 눈 둘레 전체에 아이라이너를 이용한 아이 메이크업

커버걸(CoverGirl)의 프로페셔널 어드밴스드 마스카라(Professional Advanced Mascara) 광고, 모델은 헬레나 크리스텐슨(Helena Christensen), 1996년

샤넬(Chanel)의 워터프루프 마스카라와 리퀴드 타입 아이라이너 광고, 1999년

레브론(Revlon)의 모이스처스테이™ 립컬러(MoistureStay™ Lipcolor), 광고, 1999년

입술 Lips

새로 나온 립 제품 색상으로는 강렬한 색상들이 많았는데, 매트한 레드, 진자주색, 광택이 있는 레드색 등이 있었다. 여성들은 펜슬을 사용하여 풍성하고 도톰한 입술을 만들거나, 완벽하지 않은 입술의 모양을 잡아주었다.

딥 레드 와인 색상의 립스틱과 립 라이너는 이브닝 메이크업에 사용되었고, 낮 동안에는 밝은 갈색이나 중성색, 그리고 핑크가 사용되었다.

립 라이너는 립스틱이나 립글로스 없이도 사용하였다.

또한 진홍색, 블루베리색, 그을린 붉은 색, 적갈색, 그리고 메탈릭한 중성색들이 인기가 있었다.

립 메이크업은 색이 있는 립 펜슬로 마무리하였다.

샐리 한센(Sally Hansen)의 하드 애즈 네일(Hard As Nails) 네일 광택제 광고, 1996년

메이블린(Maybelline)의 그레이트 피니시 패스트-드라이 네일 에나멜(Great Finish Fast-Dry Nail Enamel) 광고, 1996년

손톱 Nails

화장품 회사들은 입술과 손톱의 색상이 일치해야 한다는 생각을 버리기 시작하며 블루, 그린, 골드, 실버, 블랙, 네온 등의 색상을 만들어내기 시작했다.

인조 손톱은 더 긴 손톱을 만들기 위해서 많이 사용되기 시작하였다.

대중매체의 세대 The Media Generation

The 2000s

2000년대

2000년으로 접어들면서 의사소통에 거대한 변화가 일었다. 정보들은 범세계 통신망(World Wide Web)을 통해 눈 깜짝할 사이에 찾아볼 수 있었으며, 이에 따라 사람들은 어제의 뉴스를 종이로 보는 대신 시시각각 바로 인터넷을 통해 볼 수 있게 되었다. 자신의 생각을 블로그나 메시지 보드, 채팅창을 통해 올리기도 하였다. 인터넷은 직업, 자신의 짝을 찾는 데에도 사용되었으며, 인터넷 강의를 듣는 데도 사용되었다. 웹 사이트를 기반으로 한 각종 회사들의 "닷컴(dot com)" 즉, 홈페이지가 만들어졌고, 웹 회의, 온라인 뱅킹, 주식거래 사이트 등으로 거래를 편리하게 하고 시간을 절약할 수 있게 되었다.

주식 시장은 2000년 4월에 폭락했다. 인터넷을 기반으로 한 많은 닷컴 회사들이 줄줄이 도산했다. 몇몇 소수의 이러한 회사들이 살아남아 큰 가치를 창출했다. 야후(Yahoo!)의 제리 양(Jerry Yang)과 아마존 닷컴(Amazon.com)의 제프 베조스(Jeff Bezos)가 대표적이다.

대본이 없는 "리얼리티" 쇼는 TV 프로그램에서 선풍적인 인기를 끌었다. "서바이버(Survivor)", "아메리칸 아이돌(American Idol)", "어메이징 레이스(The Amazing Race)"와 같은 경쟁하는 쇼들은 매 방송마다 시청률이 대단하였고, 쇼에 나오는 일반 미국 대중들은 유명인이 되었다. "익스트림 메이크오버(Extreme Makeover)"와 "더 비기스트 루저(The biggest Loser)"는 시청자들이 성형수술이나 운동을 통해서 그들의 외모를 향상시키도록 부추겼다.

이 시대는 경제적 악화로 인해 시민들이 실업과 경제 불안정, 부동산 가치 하락 등의 문제를 겪었다. 이로 인해 소비자들은 타깃(Target), 월마트(Walmart)등과 같은 대형 할인마트를 이용하거나, 창고형태의 멤버십제도를 이용하는 코스트코(Costco), 샘스 클럽(Sam's club) 등을 이용하였다. 이러한 할인 매장은 좋은 질의 브랜드 상품을 합리적인 가격에 유통하여 소비자들이 구매할 수 있도록 했다.

지구 온난화와 온갖 환경문제에 대한 경각심이 일어나면서 유기농 식품과 지역 특산품이 유행하였다. 소비자들은 무엇이 자신의 건강에 좋은지를 생각하였고, 이 제품이 어떻게 자신의 식탁까지 오게 되었는지를 생각하기 시작했다. 다이어트를 위해 칼로리만을 생각했던 사람들은 의식적으로 지방, 설탕, 탄수화물의 양 등을 생각하며 음식을 골라 먹기 시작했다.

패션과 팝 문화는 선풍적인 인기를 끌었다. 빅토리아 베컴(Victoria Beckham), 그웬 스테파니(Gwen Stefani), 제니퍼 로페즈(Jennifer

Lopez)와 같은 유명인들은 자신들의 유명세를 이용하여 자신의 옷 브랜드를 만들기도 하였다. 데뷔하자마자 유명해진 패리스 힐튼(Paris Hilton)은 그녀의 매력적인 핑크 입술과 금발 머리로 새로운 금발미녀 이상형을 제시하였다. 팝 가수인 에이미 와인하우스(Amy Winehouse)의 올림머리와 두껍게 눈꼬리를 올려 그린 아이라이너는 짧게나마 유행했다.

1990년대의 그런지(grunge) 동향은 몸을 더욱 드러내는 패션 트렌드를 가져왔다. 짧은 밑위길이의 딱 달라붙는 청바지, 검은 레깅스, 벨루어(velour)[66] 운동복 등이 유행하였다. 이 시대 중반에 패션은 프레피, 히피, 보헤미안룩을 뒤죽박죽 섞어놓은 스타일이었다. 이러한 대중 패션 트렌드는 올드 네이비(Old Navy), 갭(The Gap), 바나나 리퍼블릭(Banana Republic)과 같은 체인 매장에서도 찾아볼 수 있었다.

힙합은 남성들의 패션 트렌드에 큰 영향을 끼쳤다. 헐렁한 셔츠, 배기 바지, 챙이 뒤로 가도록 쓴 야구모자, 스포츠 스니커즈 등이 이 패션에 속했다. 일반적으로 옷깃이 있는 폴로 티셔츠와 짧은 소매 티셔츠를 바지 밖으로 꺼내 입기도 했다.

이 시대의 남성은 메트로섹슈얼(metrosexual)[67]도 많았다. 연예인 카니예 웨스트(Kanye West)나 운동선수 데이비드 베컴(David Beckham)은 남성도 여성의 화장품을 써도 괜찮다는 인식을 심어주기 시작했다. 몇몇 화장품 회사들은 남성들을 위한 화장품 라인을 개발해 내놓기도 하였다. 록 스타들은 눈 주변에 컬러 펜슬과 남성용 아이라이너를 자랑스럽게 사용했고, 몇몇 남성들은 파운데이션, 마스카라, 립글로스를 사용하기도 하였다.

타투나 피어싱 같은 바디 장식들은 청소년과 20-30대 어른들 사이에서 계속해서 유행했다. 빈디[68]와 헤나는 마돈나가 사용하면서 이 시대에 큰 유행이 되었다. 피부에 크리스털을 붙이거나, 매니큐어를 칠한 손톱에 크리스털이나 가짜 보석을 붙이기도 했다.

이 시대 중반부터 연예인들은 메이크업을 하지 않은 것처럼 보이도록 했다. 레드 카펫에서 여배우들은 맨얼굴 같은 연한 화장으로 살짝 반짝거리는 하이라이트만을 사용하였다. 볼에 얹은 아주 연한 컬러의 블러셔는 이슬이 맺힌 것 같은 탱탱하고 자연스러운 모습을 연출해 주었다. 얼굴과 몸 전체에 바른 브론저는(bronzer) 광택이 나는 피부를 연출하기에 안성맞춤이었다.

또 다른 이 시대의 특징은 고급스럽고 질 좋은 제품들을 싼 가격에 구매할 수 있다는 점과, 집에서 자신이 스스로 관리할 수 있는 화장품들이 출시되었다는 점이다. 매니큐어, 페디큐어, 왁스, 스크럽제를 비롯하여 패

66) 실크나 면직물을 벨벳처럼 만든 것
67) 남성성을 유지하면서도 자신 안에 내재된 여성성을 긍정적으로 즐기는 패션과 외모에 많은 관심을 가진 현대의 남성
68) 힌두교도 여자들이 이마 중앙에 찍거나 붙이는 장식용 점

션 액세서리들을 예로 들 수 있다. 보톡스는 주름제거를 위해 2000년대부터 각광받는 미용 약품이 되었다. 여성들 사이에서는 보톡스 파티가 유행했다. 파티 참여자는 칵테일을 마시면서, 보톡스를 맞거나 스파를 즐길 수 있었다.

2000년대 후반이 되면서, 태닝한 피부는 인기가 줄었고 자연스러운 피부표현이 유행하기 시작했다. 화장품 회사들은 기능성 제품을 내놓기 시작했고, 스킨케어뿐만 아니라 피부색 표현까지 가능한 약용 화장품이 등장하였다.

2000년대의 하이라이트 Decade highlights

- 메이블린(Maybelline)의 2005년도 슈퍼스테이(Superstay) 립스틱을 계기로 지속력이 뛰어난 립스틱 제품이 많이 나왔다.
- 크리니크(Clinique)는 '스테이 더 데이(stay the day)' 컬러를 선보였다.
- 새로운 올인원(all-in-one) 스킨 클렌징 토너가 클렌저와 토너를 따로따로 사용하는 것을 대신하였다.
- 눈 화장과 립스틱을 동시에 부드럽게 제거하는 클렌징 티슈가 로레알(L'Oreal Plenitude), 니베아(Nivea), 올레이(Oil of Olay)에 의해 만들어졌다.
- 얼굴, 바디, 헤어를 위한 아로마 셀프케어 제품들이 쏟아져 나왔다. 드끌레오(Decleor)의 네롤리 오일(neroli oil)[69]로 만든 아로메센스(Aromessence), 엘레미스(Elemis)의 밀크 배스(milk bath), 록시땅(L'Occitane)의 천연비누, 조말론(Jo Malone)의 바디 에센스는 이러한 고급 화장품에 속했다.
- 소비자들은 햇볕에 과도하게 노출되어 피부암에 걸리는 것에 대해 걱정하기 시작했다. 사람들은 직접 햇볕에 태우거나 살롱에 가는 대신 화장품을 이용하여 자연스러운 태닝 피부를 표현하였다.
- 케빈 어코인(Kevyn Aucoin)은 가장 각광받는 메이크업 아티스트로 떠올랐다. 그는 자신의 책을 출판하기도 하고 자신의 이름으로 화장품을 출시하기도 하였다. 그는 21살부터 2002년 5월 죽기 전인 40세의 나이까지 메이크업 아티스트로 활동하였다.
- 보톡스 제작자는 라티쎄(Latisse)를 소개했는데, 이는 속눈썹을 길게 해주는 국소 용액이었다.

69) 비터 오렌지 나무의 꽃을 짜낸 기름

메이크업 The Face

반짝거리는 핑크색상의 크림이나 장밋빛 색상의 리퀴드 타입 블러셔를 광대뼈에 펴 발라주었다.

눈썹은 위쪽으로 향하는 눈을 만들어 주기 위해 높은 산 모양으로 다듬어주었다.

아이섀도는 밝은 톤, 중간 톤 또는 어두운 톤의 파스텔 색상을 사용하였다.

라이트 파운데이션으로 색상 있는 모이스처라이저 또는 미네랄 파우더가 사용되었다.

중간 톤의 살결 매트한 느낌을 주는 피부표현과 어두운 아이라이너, 깔끔한 립글로스가 이 시대를 대표하는 메이크업이다.

COLOR PALETTE *of the* 2000s

LIGHT LIQUID / POWDER

Flesh 피부색
Translucent 반투명

BLUSH

Warm Soft Blush 웜 소프트 블러시
Rose 로즈

SHADOW

Lilac 라일락
Chestnut Brown 밤색
Soft Pink 소프트 핑크
Purple Frost 퍼플 프로스트
Taupe 회갈색
Slate Gray 청회색

LINER

Black 블랙
Indigo 인디고

LIPSTICK

Warm Pink 웜 핑크
Light Chocolate 라이트 초콜릿
Nude 누드
Pink Frost 핑크 프로스트
Reddish Brown 적갈색
Natural Pink 내추럴 핑크
Pale Mauve 옅은 담자색

2000년대의 얼굴 The 2000s Face

팝 문화 룩(Pop Culture Looks)

리퀴드 라이너보다 더 오래 지속되고 쉽게 바를 수 있는 젤 라이너의 사용이 두드러졌다.

새롭게 나온 파우더, 젤, 그리고 리퀴드 메이크업 제품들은 매트한 타입, 조금 매트한 타입, 촉촉한 타입으로 다양하게 나왔다.

누드 컬러는 낮 동안의 메이크업에 적합했다. 짙고 선명한 색상은 밤에 많이 사용되었다.

거의 모든 여성들이 메이크업을 하였다. 여성들은 순수하고 자연스럽게 보이게 메이크업을 하기도 하고, 반대로 아주 화려하게 하기도 하였다.

1940년대 유행이 현대적으로 재해석 되었다. 레드 와인색의 입술, 위 속눈썹라인을 따라 그린 부드러운 검정 또는 회색의 아이라이너, 소녀 같은 장밋빛 볼, 가볍게 바른 아이섀도가 이에 해당한다.

밤색(light chestnut brown)의 섀도를 쌍꺼풀에 바르고, 광대뼈 아래에 웜 브라운 컬러의 블러셔를 사용해 얼굴 윤곽을 살려주고, 누드 톤의 립글로스를 바르는 것은 이 시대의 현대적인 얼굴을 완벽하게 완성해주었다. 1970년대에 이미 미네랄을 넣은 화장품들이 소개가 되었지만, 2000년대에 와서야 비로소 이러한 화장품의 사용이 늘어났다. 미네랄 화장품의 대표적 브랜드인 베어 이센츄얼(Bare Escentuals)과 쉬어 커버(Sheer Cover)는 리퀴드 파운데이션과 같은 커버력을 주면서도 피부에 저자극적인 미네랄 파우더를 만들었다.

안젤리나 졸리(Angelina Jolie), 인도주의자이자 여배우. 2004년

샤를리즈 테론(Charlize Theron),
국제 영화배우, 2004년

제니퍼 로페즈(Jennifer Lopez),
미국 댄스가수 겸 배우, 2007년

다양한 피부톤의 미네랄 메이크업

로레알(L'Oreal brand)의 비저블 리프트 라인 미니마이징 메이크업(Visible Lift Line Minimizing Makeup) 광고, 모델 앤디 맥도웰(Andie MacDowell), 2003년

파운데이션 Foundation

프라이머와 크림 컨실러는 얼굴의 결점을 가리는데 사용되었다.

약간 매트하지만 결점이 없는 피부를 만들기 위해 리퀴드 타입의 파운데이션을 사용하였다.

색상 있는 실리콘 모이스처라이저는 열과 습기에 강하고 중간 정도의 커버력을 주는 성분들을 포함하였다. SPF[70]를 함유한 성능이 오래 지속되는 제품들도 출시되었다.

크림 타입의 파운데이션은 내추럴 룩이나 누드룩을 표현할 때 사용되었다.

70) Sun protection factor, 자외선 차단 지수

크리니크(Clinique)의 시티 블록 쉬어 시머(City Block Sheer Shimmer) 페이스 프로텍터 광고, 2003년

블러셔Blush

볼은 더 반짝이고 색상은 옅게 표현하였다. 부드러운 흰색, 크림색, 핑크색의 반짝이는 블러셔를 광대뼈 위에 펴 발랐다. 립스틱 튜브처럼 짜서 쓰는 블러셔도 등장했으며, 심지어 아이섀도를 블러셔로 활용하기도 했다. 밝은 장밋빛 틴트를 볼에 발라주기도 하였다. 웜 브라운 컬러는 얼굴 윤곽을 살려주기 위해서 광대뼈 아래에 발라주었다.

광대뼈가 너무 인위적으로 보이는 것을 피하기 위해 부드러운 브러시로 코 옆 부분과 볼 아래 부분에도 블러셔를 발라 주었다.

에바 롱고리아(Eva Longoria)
미국 TV스타, 2008년.

메이블린(Maybelline)의 반짝이는 화장품 광고,
모델 조시 마랜(Josie Maran), 2003년.

눈 Eyes

부드러운 핑크, 블루, 그린, 라일락 색상은 수채화 물감 같은 효과를 주는, 이 시대를 주름잡은 색상이었다.

이러한 연한 색상은 눈 전체 주변에 펴 발랐으며, 눈 아래 부분과 쌍꺼풀에도 발라주었다. 마스카라는 위아래 속눈썹 모두에 발라 주었다.

살짝 빛나는 화이트 색상은 눈꺼풀과 눈썹 뼈에만 발라주거나, 눈 전체에 펴 발라 크리스털처럼 표현하였다. 광택이 나는 밝은 색의 섀도나 하이라이터는 위쪽 눈꺼풀에서 눈썹 아래까지 펴 발랐다.

어두운 파스텔 색상은 쌍꺼풀에 발라주고, 어두운 색상의 반짝이는 섀도는 아래쪽 속눈썹 라인에 발라주었다. 매우 얇은 블랙 아이라이너를 그리고, 블랙 마스카라를 이용하여 굉장히 길고 인상적인 속눈썹을 만들었다. 속눈썹 안쪽 부분에는 흰색의 “카잘(kajal)”이라는 펜슬을 이용하여 눈을 더욱 밝게 보이도록 하였다. 깔끔하게 다듬은 눈썹은 얼굴의 윤곽을 살려주고, 부각시켜주는 역할을 했다. 눈썹의 라인을 정확하게 만들어주는 왁싱(waxing)이나 눈썹 털을 정교하게 뽑는 시술도 눈썹을 다듬는 방법이었고, 눈썹을 다듬는 것은 얼굴이 작아 보이게 하는 효과도 주었다. 실을 이용하여 눈썹을 다듬는 방법은 압도적인 인기를 얻었다.

산드라 블록(Sandra Bullok), 영화제에서 수상을 한 영화배우, 2002년

스칼렛 요한슨(Scarlett Johansson), 미국 영화배우, 2005년

림멜(Rimmel)의 아이섀도 광고, 모델 케이트 모스(Kate Moss), 2005년

입술 Lips

적갈색이나 원래 입술 색과 비슷한 색상의 세미 글로스(semi-gloss) 립이 유행했다. 아웃라인을 그리고, 색을 채워 깔끔한 입술 모양이 되도록 색상을 펴 발라 주었다.

입술에 바른 색상보다 조금 어두운 색상이 립 라이너로 쓰였다.

투명 립글로스는 깔끔한 낮 메이크업을 위해 사용되었다.

메이블린(Maybelline brand)의 포에버 메탈릭(Forever Metallics) 립스틱 광고, 모델 아드리아나 리마(Adriana Lima), 2001년

에스티로더(Estee Lauder brand)의 고 파우트(Go Pout) 립스틱 광고, 2000년

뉴트로지나(Neutrogena brand) 모이스처샤인(MoistureShine) 립글로스 광고, 2004년

올레이(Olay) 컬러모이스트 립스틱(ColorMoist Lipstick) 광고, 2000년

손톱 Nails

2000년대 초는 자연스러운 손톱이 유행하였다. 이 시대의 손톱은 자연스럽고 잘 관리된 모습을 보여줌으로써 섬세함과 여성스러움을 돋보이게 해주었다.

2001년 여름 신부들에게는 손톱 끝을 깔끔하게 하는 반전 프렌치 매니큐어(French manicure)가 유행하였다.

컬러 네일 광택제를 사용한 짧고, 자연스럽게 광택이 나는 손톱은 빠르게 스타일링 할 수 있어 큰 인기를 끌었다. 어두운 색상의 매니큐어는 샤넬(Chanel)의 블랙 새틴(Black Satin) 매니큐어가 도입된 이후 유행의 선두주자가 되었다. 또 다른 어두운 색상인 네이비(navy), 초콜릿 브라운(chocolate brown), 포레스트 그린(forest green), 다크 퍼플(dark purple)과 같은 색상은 10대부터 전문직 여성에게까지 인기 있는 색상이 되었다. 메탈릭하고 강렬한 컬러들은 낮과 밤 가리지 않고 다채롭게 사용되었다.

프렌치 매니큐어를 칠한 손톱 끝부분

레브론(Revlon)의 네일 에나멜 광고, 2003년

타임라인 화장품의 발달

기원전 3000년 ~ 서기 1558년

기원전 3000년

동양 여성들은 대리석, 쌀, 붕사를 가루 내어 만든 바티까(batikka)라고 부르는 파우더를 사용하였다.

기원전 2200년

(사진) 네퍼르티티(Nefertiti)의 반신상

아시리아(Assyrian) 초기 머리 염색약은 계피와 리크(leek) 추출물로 만들었으며, 광물에서 색상을 추출해 눈 주위에 섀도처럼 발랐다. 녹색은 가장 인기 있는 색상이었다.

기원전 1300년

이집트 학자 아니(Ani)의 아내인 투투(Thuthu)의 화장품 상자에는 부석, 광물로 만든 섀도와 그것을 바르는 도구, 작은 병에 담긴 유색 액체들, 색상을 섞기 위한 팔레트가 들어있었다. 이 시대의 전문 스타일리스트들은 부유한 여성들에게 매니큐어, 마사지, 헤어 서비스를 제공하기 위해 고용되었다.

기원전 1200년

그리스의 미노스(Minoans)와 미케니(Mycenaeans) 사람들은 리넨 섬유의 옷들을 부드럽게 하기 위해 향기가 나는 오일을 많이 생산하였다. 일리아드(The Illiad)에서도 명시되어 있는데, 하녀와 젊은 층이 "살짝 오일을 바른 셔츠"를 사용했다는 데에서 이를 알 수 있다.

기원전 1000년

뿔고동에서 추출한 보랏빛이 나는 빨간 염료인 티리언(Tyrian) 염색약은 에게 해(Aegean)에서 생산되었다. 벽을 칠하거나, 옷을 염색하거나, 볼연지로 이 염료를 사용하였다. 샤프론(Saffron) 또한 직물 염색에 사용되었다.

기원전 60년

클레오파트라(Cleopatra)가 가장 좋아하는 향수는 사이프리눔(cyprinum)이라는 헤나 꽃에서 추출한 강한 향이 나는 향수였다.

100년

영국인들은 화장품 파우더를 작은 절구와 절굿공이, 금속 핀셋과 이쑤시개를 이용하여 만들었다.

(사진) 인도 카주라호(Khajuraho) 사원의 조각상

100년

인도 여성들은 초기 아이라이너와 같은 역할을 했던 검정색 액체인 점안제를 사용하여 눈을 부각시켰다.

1096년

유럽의 십자군 기사들은 화장품, 향수 등을 가져왔고, 이는 여성들이 보다 다양한 화장품을 사용할 수 있게 되는 계기가 되었다.

1200년

아라비아(The Arabian) 사람들은 염색약, 크림, 로션 등을 유럽에서 유행하게 만들었다. 십자군들이 직접적인 교역을 못하게 하자, 유대인 교역인들은 향신료와 천연향료를 무슬림 시장에서 수입해왔다.

1460년

존 러셀(John Russell)의 〈북 오브 널쳐(Book of Nurture)〉에서는 유럽에서 대중화된 목욕 도구들을 자세하게 소개하였다. 예를 들어 발과 몸에 사용하는 5~6가지의 스펀지, 물에 혼합하는 허브, 욕조를 덮는 커버 등이 있었다.

1533년

카트린 드 메디치(Catherine de Medici)는 프랑스 헨리 2세와 결혼하고 그녀의 개인 향수 제조사를 이탈리아에서 프랑스로 가져왔다. 이는 프랑스 향수업의 시초이다.

1558년

튜더(Tudor)왕가와 엘리자베스(Elizabeth) 1세 정권은 동인도회사의 설립과 교역으로 번영을 누렸다. 대부분의 상류층 여성들은 화장품을 사용하였지만, 일반 사람들에게는 화장품이 흔하지 않았다.

타임라인 화장품의 발달

1600년 ~ 1800년

1600년

여성들은 자신 집안 대대로 내려오는 천연재료를 이용한 묘약이나 연고 만드는 방법을 배웠다.

1650년

분홍빛이 도는 새하얀 안색은 영국에서 선호되었다. 이는 백색분과 베니스에서 수입한 분홍색 볼연지를 이용해 표현하였다.

1656년

프랑스 향수와 장갑 제조자 연합(The French Guild of Glovers and Perfume Makers)이 창설되었고, 새로운 향수들이 시장에 쏟아져 나왔다. 청교도(Puritans)는 악마와 향수가 관련이 있다며 향수 사용을 반대했다.

1682년

매리 도겟(Mary Doggett)의 레시피 책은 포맨더(pomander)와 스윗백(sweet bag)을 만드는 방법을 소개했다. 이 가방은 집에 두거나 드레스 옆에 매달아 향기를 나게 하는데 용도였다.

1690년

존 에블린(John Evelyn)은 더 퐙 딕셔너리(The Fop-Dictionary)를 쓰고, 입 안에 코르크 패드를 사용한 것을 보고했다. 이 도구는 볼을 통통하게 하는데 사용되었는데, 특히 치아를 손실해서 외양이 좋지 않게 보일까봐 염려하는 여성들이 많이 이용했다.

1700년

미국 원주민은 베리류의 열매로 볼을 빨갛게 하거나, 기름을 짜 머리에 발라서 머릿결을 부드럽게 했다. "인도 약(Indian Medicine)"이라고 알려진 재료는 굉장히 유명했다.

1714년

요한 마리아 파리나(Johann Maria Farina)는 최초의 향수 제조사인 오드콜로뉴(Eau-de-Cologne)라는 브랜드를 설립했다.

1775년

벅호즈(Buc'hoz)가 쓴 〈더 토일렛 오브 플로라(The Toilet of Flora)〉에는 홈메이드 관리법이 들어있었다. 천연제조법은 지금까지도 사용되고 있다.

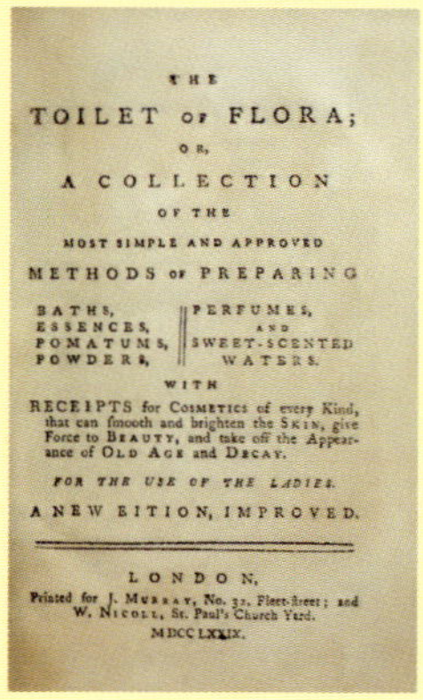

THE
TOILET OF FLORA;
OR,
A COLLECTION
OF THE
MOST SIMPLE AND APPROVED
METHODS OF PREPARING
BATHS, ESSENCES, POMATUMS, POWDERS, PERFUMES, AND SWEET-SCENTED WATERS.
WITH
RECEIPTS for COSMETICS of every Kind, that can smooth and brighten the SKIN, give Force to BEAUTY, and take off the Appearance of OLD AGE and DECAY.
FOR THE USE OF THE LADIES.
A NEW EDITION, IMPROVED.
LONDON,
Printed for J. MURRAY, No. 32, Fleet-Street; and W. NICOLL, St. Paul's Church Yard.
MDCCLXXIX.

우비강(Houbigant) 향수는 프랑스, 영국, 러시아에서 인기 있는 향수 브랜드가 되었고, 마리 앙투아네트(Marie Antoinette)와 나폴레옹(Napoleon)은 자신만의 향수를 사용하였다.

1800년

화장품 제조법이 미국에서 출판되었다.

타임라인 화장품의 발달

1814년 ~ 1870년

1814년

드요트 (T. W. Dyott)는 화장품을 수입하였고, 콜드크림, 스킨로션, 헤어 파우더, 포마드와 같은 제품을 생산하였다. 이베리아(Iberia)의 향유는 그들의 대표적인 스킨 퍼펙션 제품이다.

1834년

유진 림멜(Eugene Rimmel)은 영국에 향수가게를 열었고 하우스 오브 림멜(House of Rimmel)을 설립하였다. 림멜가는 향수 외에도 다른 화장품들도 생산했는데, 그 중에서 마스카라가 가장 성공적이었다. "림멜"이라는 단어는 여러 언어에서 "마스카라"의 의미로 쓰인다.

1837년

영국의 여왕 빅토리아(Victoria)는 화장을 거의 하지 않은 듯한 메이크업을 했다. 이 시대에는 깨끗함, 깔끔함을 강조하였고, 향이 약한 향수를 많이 사용하였다.

1840년

출판의 호황과 더불어 미용 관련 서적들이 많이 나왔다. 아메리카 대륙의 남성들은 그들의 가발을 버리고 절제된 스타일을 받아들였다.

콤팩트 형식으로 만들어진 최초의 그체 블러셔

1846년

폰즈(The Pond's)사는 테론 폰드(Theron Pond)에 의해 설립되었는데, 그가 코피를 치유하기 위한 소독제를 개발한 것이 첫 시초였다. 1914년에 그는 콜드크림과 배니싱 크림에 집중하기 시작하였다.

1850년

집에서 간드는 화장품이나 약국에서 파는 화장품이 유행하였다. 이 시대에 구할 수 있었던 대표적인 화장품은 오드콜로뉴 향수, 헤어 오일, 쉐이빙 크림(shaving cream), 포마드(pomade), 스킨 화이트너(skin whitener)가 있었다.

1860년

샘슨(Sampson)이라는 시카고의 사업가는 알카넷(alkanet: 붉은 염료) 뿌리, 테레빈유(oil of turpentine), 장미유를 사용한 블러셔를 만들어 출시하였다.

1867년

해리엣 피시(Harriet Fish)는 볼과 입술에 사용하는 블러셔 패드로 특허를 받았다. 이는 카민(사과나무류 관목), 사탕무(beet), 딸기, 접시꽃 뿌리로 만들었다고 한다.

1870년

햄린스 위자드 오일(Hamlins Wizard Oil)은 그들의 통증 완화제를 "가장 경이로운 의약품"이라며 광고했다.

겔랑(Guerlain Paris)은 처음으로 유럽에 탄환 모양의 립스틱을 소개하였다.

타임라인 화장품의 발달

1872년 ~ 1898년

1872년

하퍼스 바자(Harper's Bazaar)는 천연 비누와 잘 씻는 것의 이점을 강조하면서 도덕적 가치와 미덕에 대한 기사를 출판했다.

1877년

레어드(Laird)사의 피부 라이트너(lightner)인 블룸 오브 유스(Bloom of Youth)에는 유해물질이 포함되어 있었다. 이 제품이 마켓에서 없어지기 전에 이를 구매한 많은 여성들이 이 유해물질로 인해 죽었다.

1880년

여배우 릴리 랭트리(Lillie Langtry)는 헌터(Hunter)사의 인비저블 페이스 파우더(Invisible Face Powder)와 피어스 솝(Pears' Soap)의 모델로 활동했다.

우드버리(Woodbury)사의 비누는 피부병 치료 목적으로 개발되었다가 후에 미용 제품으로 많이 팔렸다.

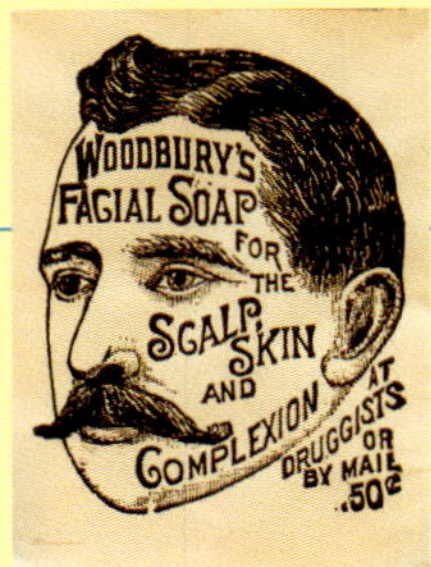

1886년

(사진) 마담 레카미에(Madam Recamier)의 초상화.

해리엇 허버드 에이어(Harriet Hubbard Ayer)는 레카미에 크림(Recamier Cream)을 만들어 선보였고, 그녀는 미국에서 화장품 제조업에 뛰어든 1세대 여성 중의 한 명이었다.

1888년

데오도런트가 개발되었고, 멈(Mum)이라는 이름으로 상표가 등록되었다.

1889년

에이미 겔랑(Aime Guerlain)은 향수 지키(Jicky)를 개발했다. 지키(Jicky)는 빅토리안 꽃향기로 시작해 백단향 베이스의 향기로 마무리된다.

1890년

제조업체 라이언(Lyon)사는 아프리카계 미국인의 피부를 보다 하얗게 해주는 헤이건(Hagan)의 매그놀리아 밤(Magnolia Balm)을 만들었다.

1893년

헨리(Henry Schaurman)는 하토나(Hartona)라는 이름의 브랜드로 아프리카계 미국인을 위한 피부 미백제와 헤어 스트레이트너(hair straightener: 머리를 펴는 약)를 개발하였다

1898년

토마스 비어드 크레인(Thomas Beard Crane)은 원더풀 페이스 블리치(Wonderful Face Bleach: 피부를 하얗게 하는 화장품의 하나)를 만들었다.

타임라인 화장품의 발달

1900년 ~ 1919년

1900년

애니 말론(Annie Turnbo Malone)은 아프리카계 미국인을 위한 헤어 제품으로 원더풀 헤어 그로워(Wonderful Hair Grower)를 생산했고, 이 제품을 집집마다 방문하며 팔았다. 1906년에 그녀는 이 제품을 포로(Poro)로 등록해 판매했다.

릴라스 개스라이트(Rilas Gathright)는 자석으로 만들어진 빗, 오존(Ozonc) 헤어 제품, 데오도런트, 임페리얼 화이트너(Imperial Whitener)를 만들고, 메일이나 신문 광고를 통해 팔았다.

1903년

립 이보(Lip Ivo)는 처음으로 투명 립밤과 투명 립 글로스를 생산했다.

1904년

저명한 근대 향수 제조업자인 프랑수아 코티(Francois Coty)는 프랑스에서 코티(Coty) 향수를 만들었다.

1905년

마담 워커(Madame C. J. Walker)는 오일과 머리 인두기(고데기)를 이용하여 머리를 펴는 기술을 개발하였다.

안토니 오버튼(Anthony Overton)은 아프리카계 미국인을 위한 하이-브라운 페이스 파우더(High-Brown face powder)를 소개했다.

1906년

찰스 네슬레(Charles Nestle)가 영구 펌을 개발했다.

1907년

외젠 슈엘러(Eugene Schueller)는 인조 머리염색약을 개발했다. 이는 로레알(L'Oreal)의 시초가 되었다.

1908년

마셀(M. Marcel)은 더욱 영구적이고 건강한 파마 방법을 개발하여 자신의 이름을 따 마셀 웨이브(Marcel wave) 헤어 라고 명명하였다.

1910년

엘리자베스 아덴(Elizabeth Arden)은 베네치아 풍의(Venetian) 화장품을 만들어 뉴욕에 자신의 살롱을 오픈했다.

1914년

조지 번팅(George Bunting)은 햇볕에 그을린 피부와 습진 피부를 치료하는 화장품을 개발하여 노그제마(Noxzema)라고 명명하여 메릴랜드 해변에서 팔았다. 이 후에 이 제품은 수분 크림으로 미국 전역에서 유명해졌다.

1915년

칼 윅스(Carl Weeks)는 활석과 드라이 콜드크림을 섞어 내구력이 좋은 페이스 파우더(face powder)를 개발했다. 그는 아르망(Armand)사를 만들고 작은 프랑스 스타일 용기에 담아 팔았다.

미국인인 모리스 레비(Maurice Levy)는 처음으로 금속 화장품 용기를 개발하고 이는 가장 유명한 립스틱 용기가 되었다. 스코빌 제조업체(Scovill Manufacturing Co.)는 이 용기를 대량 생산했으며, 레비(Levy)는 펜슬형 아이브로우의 금속 용기도 개발하였다.

1917년

메이블린(Maybelline)이 케이크 마스카라(cake mascara)를 개발했다.

1919년

인모로 만든 인조 속눈썹이 만들어졌다.

타임라인 화장품의 발달

1920년 ~ 1928년

연한 핑크색 매니큐어 특허가 처음으로 인정되었다.

1920년

맥스 팩터(Max Factor)는 데일리 메이크업 제품으로 소사이어티 메이크업(Society Make-up)을 소개했다. 그의 화장품은 1927년에 미국 전역에 팔리기 시작했다.

다른 아이브로펜슬보다 더 부드럽게 잘 그려졌기 때문에 경화, 목화오일을 첨가해 만든 아이브로펜슬이 큰 인기를 얻었다.

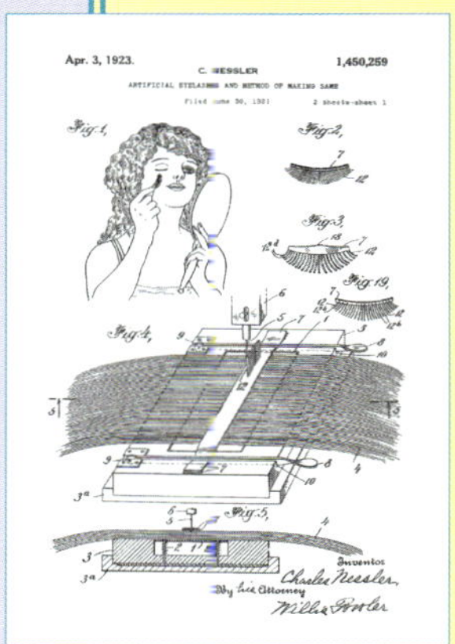

1921년

찰스 네슬러(Charles Nessler)는 인조 속눈썹을 개발하여 대량생산하였다. 이 제품은 1923년에 메소드 오브 메이킹 세임(Method of Making Same)의 1,450,259번으로 특허 등록 되었다.

어네스트 보(Ernest Beaux)는 처음으로 인조 합성 향수를 개발하였는데, 이 향수가 샤넬 넘버 파이브(Chanel No.5)이다.

1922년

맥브레디(J. E. McBrady)는 시카고를 중심으로 하여 "갈색 피부를 가진 사람들을 위한 특별 화장품(specialties for brown skin people)"을 전문 에이전트만을 통해 구매할 수 있도록 했다.

1923년

최초의 속눈썹 뷰러인 컬래쉬(Kurlash)가 발명되었다.

제임스 메이슨 주니어(James Bruce Mason Jr.)는 회전 고리를 이용한 립스틱 기술을 처음 개발하였고, 이는 1922년 토일렛 아티클(Toilet Article)에 1,470 994번으로 특허 등록되었다.

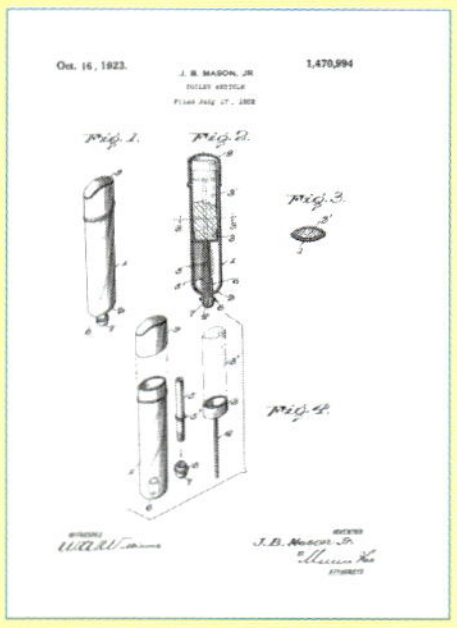

1924년

큐텍스(Cutex)사는 핑크와 로즈 컬러 매니큐어를 판매하였다.

1925년

타투(Tattoo)사와 라리크 롱래쉬(Laleek Longlash)사는 바셀린을 함유한 크림 마스카라를 판매하였다.

1928년

마조리 조이너(Marjorie Joyner)는 영구적인 펌 기구를 발명하고 특허를 받은 첫 번째 아프리카계 미국 여성이 되었다. 이 기계는 1928년에 1,693,515번으로 특허를 인정받았다.

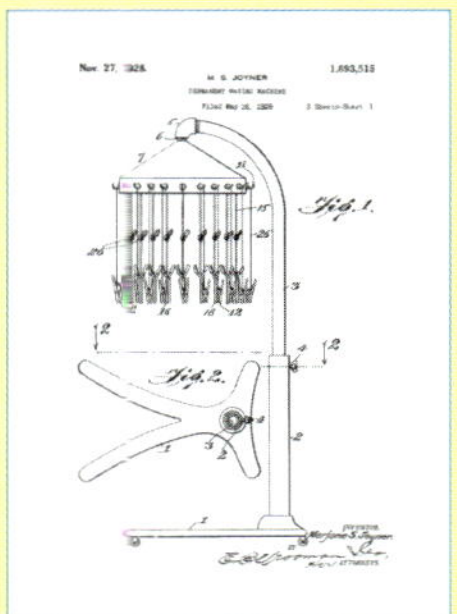

타임라인 화장품의 발달

1930년 ~ 1958년

1930년

워너(Warner)는 브래지어에 컵 사이즈를 도입했다.

트레쥬(Tre-Jur)의 콤팩트와 아웃도어 걸(Outdoor Girl)의 파우더는 홈 메이드가 아닌 공장에서 생산한 PL(Private Label)71) 상품으로 유명했다. 처음 개업하는 많은 화장품 회사들은 이러한 방식으로 틈새시장을 공략했다.

1932년

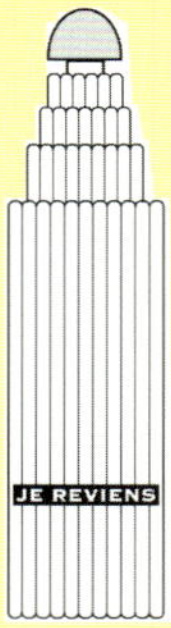

의복 제조로 저명한 워스(House of Worth)사는 쥬 흐비엥(Je Reviens) 향수를 개발했다.

찰스 레브슨(Charles Revson), 그의 형제 조셉(Joseph), 화학자 찰스 래치먼(Charles Lachman)이 함께 레브론(Revlon)사를 설립했고, 불투명한 매니큐어를 만들었다.

1935년

탠지(Tangee)는 보로모산(bromo-acid)으로 만들어져 입술에 바르면 자연스럽게 색이 변하는 립스틱을 만들었다. 이 립스틱은 젊은 여성들이 자연스러운 메이크업을 할 수 있도록 하였다.

1936년

타투(Tatto)사의 립스틱은 지워지지 않는 뛰어난 지속력을 강조하며 광고하였다.

로레알(L'Oreal)의 설립자 외젠 슈엘러(Eugene Schueller)는 선크림(sunscreen)을 발명했다.

1950년

헤이즐 비숍(Hazel Bishop)은 얼룩지지 않는 깔끔한 립스틱을 개발하였으며, 뉴욕 타임즈(New York Times)에 전면 광고를 내었다. 지금까지도 그녀의 비법은 비밀로 남아있다.

1952년

에어로졸(Aerosols)이 발명되었고, 레브론(Revlon)사는 다른 타입의 헤어스타일에 따른 세틴셋(SatinSet)과 실키넷(Silkinet)이라는 헤어스프레이를 만들었다.

1953년

맥스 팩터(Max Factor)는 올인원(all in one) 메이크업의 시초인 크림 퍼프(Creme Puff)를 만들었다.

1954년

맥스 팩터(Max Factor)는 립스틱 용기에 담긴 이레이스 스틱 컨실러(Erace stick concealer)를 만들었다.

1955년

네일 랩(Nail wraps)은 갈라진 손톱에 영양을 보충하기 위해 살롱에서 사용되었다. 펌 페이퍼(perm papers)나 커피 필터(coffee filters)가 듀코 접착제(Duco cement)와 함께 손톱에 사용되었다.

1958년

헬레나 루빈스타인(Helena Rubinstein)은 끝부분이 금속으로 만들어진 최초의 막대형 마스카라 마스카라마틱(MascaraMatic)을 출시했다.

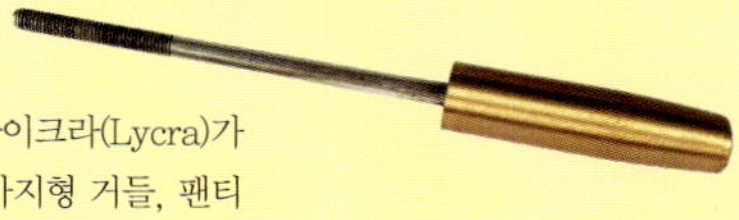

스판덱스(Spandex)와 라이크라(Lycra)가 발명되었고, 이로 인해 타이즈, 바지형 거들, 팬티형 거들이 개발되었다.

타임라인 화장품의 발달

1962년 ~ 1979년

1962년

커버걸(CoverGirl) 브랜드가 나오면서 어려보이고 건강해 보이는 동안을 지향하기 시작하였다.

1963년

플렉스(Flex)는 ZP11이라는 단백질(protein)이 함유된 최초의 비듬전용 샴푸를 출시했다.

1965년

플로리 로버츠(Flori Roberts)는 최초로 흑인 여성을 위한 메이크업 세트를 만들었다.

1968년

레브론(Revlon)은 에스트로겐(estrogen) 유도체인 프로제니틴(Progenitin)을 함유하여 주름을 완화시키는 최초의 크림, 이터나 '27' (Eterna '27')를 소개했다.

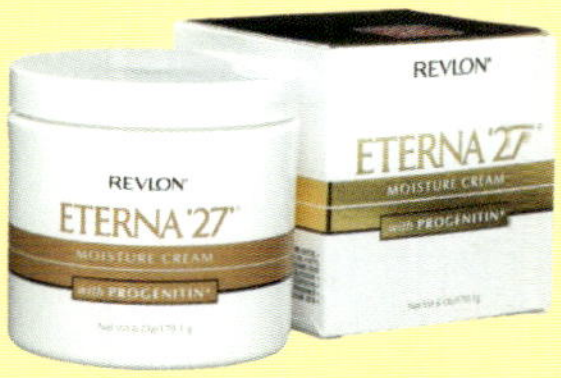

Clinique

크리니크(Clinique)는 건강한 피부와 피부 트러블 완화를 위한 7종 세트 제품을 선보였다.

1974년

선 인(Sun In)은 갈색 머리를 금발로 바꾸어 주어 인기가 많았던 헤어스프레이였다.

1975년

샤넬(Chanel)은 26가지 색상의 립 컬러와 함께 첫 번째 메이크업 컬렉션을 선보였다.

1976년

베어 이센추얼(Bare Escentuals)이 설립되고 그들의 미네랄 메이크업 화장품이 소개되었다.

1979년

프리스크립티브(Prescriptives)는 170가지가 넘는 색조, 9가지의 파운데이션 제조법과 함께 등장했으며, 개개인의 원래 피부색에 맞는 색상을 골라주는 서비스 등을 시작하였다.

PRESCRIPTIVES

타임라인 화장품의 발달

1984년 ~ 2009년

1984년

샤넬(Chanel)은 향이 진하고 굉장히 오래가는 코코 향수(Coco fragrance)를 선보였다.

겔랑(Guerlain)은 테라코타 라인(Terracota line)과 함께 브론징 파우더(bronzing powder)를 처음으로 선보였다.

1986년

랑콤(Lancome)은 주름을 없애준다고 알려진 리포솜(liposomes)을 함유한 최초의 크림인 니오솜(Niosome)을 개발했다.

BOBBI BROWN

1991년

메이크업 아티스트 바비 브라운(Bobbi Brown)은 10가지 립스틱을 선보이며 자신의 이름을 딴 화장품 브랜드 바비 브라운 에센셜(Bobbi Brown Essentials)을 세웠다. 창립 철학은 여성들이 자기 자신을 좀 더 예쁘게 보고, 자기 자신에게 자신감을 가지도록 만드는 것이었다.

1992년

입생 로랑(Yves Saint Laurent)은 그의 유명한 뚜쉬 에끌라(Touche Eclat) 하이라이터와 아이 브라이트너(eye brightener)를 소개했으며, 이 제품들은 여성의 핸드백 필수품이 되었다.

1994년

원더브라(Wonderbra)가 시장에 나왔다.

2000년

맥스 팩터(Max Factor)는 8시간의 지속력으로 잘 알려진 립피니티 립스틱(Lipfinity lipstick)을 선보였다.

2003년

도브(Dove soap brand)는 바디 클렌징 제품 라인에 보습효과가 있는 리퀴드 타입과 젤 타입 제품을 추가했다.

2009년

태닝효과를 주는 브론징 제품들은 햇빛에 직접 태우지 않고도 자연스럽게 섹시한 갈색 피부를 표현할 수 있도록 하였다. 클라란스(Clarins)의 래디언스 플러스 셀프 태닝 크림(Radiance Plus Self Tanning Cream), 로레알(L'Oreal)의 선리스 서브라임 글로우 포 더 바디(Sunless Sublime Glow for the Body), 로라 메르시에(Laura Mercier)의 브론징 젤 포 더 페이스(Bronzing Gel for the Face)는 백화점에서 가장 많이 판매된 인기 있는 제품이었다.

결론 conclusion

시대를 걸쳐 여성은 외면의 아름다움을 얻기 위해 화장품을 이용해 왔다. 화장품을 통해 얼굴을 아름답게 만들어 왔으며, 앞으로도 화장품은 강한 자신감과 매력을 돋보이게 할 보편적인 방법이 될 것이다. 화장품에도 각 시대별로 사회적 의식이 스며들어 있다. 이러한 사회적 흐름들은 자기가 되고 싶어 하는 모습을 보여준다. 메이크업이란 한 개인이 속한 그룹과 문화에 연결됨을 의미한다. 그 뿐 아니라 메이크업은 개인의 성격과 개성을 상징하고, 개인의 정체성을 보여준다. 그게 아니면, 적어도 개인이 세상과 공유하기를 원하는 이미지를 보여준다.

모든 여성들은 미용 도구들이 없음에도 아름다운 법이다. 나는 각자의 여성들이 내면과 외면 모두를 아름답게 만들어 주는 자신만의 고유한 특색이 있다고 생각한다. 우리의 과제는 당신이 될 수 있는 최고의 매력적이고 자신감 있는 모습을 만드는 것과 더불어 자신의 가장 아름다운 모습을 알아내는 것이다. 당신이 매력적일 때 기분이 더 좋은 것은 사실이다. 아무리 간단한 일이라도 당신이 한 일이 가능하면 최고로 잘 되었을 때 기분이 좋아진다. 당신의 자존감과 사기도 높아져 있을 것이다. 당신이 패션 감각을 얻기 위해 특별한 스킬이나 재산을 가지고 있어야만 하는 것은 아니다. 고전적인 아름다움과 우아함은 지나친 상류층 패션이 아닌, 기본적인 옷차림과 최소한의 메이크업으로 만으로 이루어지는 것이다. 당신의 패셔너블한 모습을 위해 현재의 트렌드를 다 따라갈 필요는 없다. 그저 현재 유행되는 것에 관계없이 당신을 완성시켜줄 아이템을 선택하면 된다. 당신을 완성시켜 줄 그 선택은 오늘과 내일, 당신의 모습을 더 좋게 만들고, 계절에 상관없이 늘 좋은 기분으로 이끌어 줄 것이다.

뷰티 산업이 21세기에 들어서면서, 인터넷과 미디어를 통해 빠른 정보를 얻을 수 있게 되었고, 글로벌 뷰티 아이디어까지 공유할 수 있게 되었다. TV의 리모컨이나 한 번의 빠른 마우스 클릭만으로도 풍성한 정보를 얻을 수 있고, 자신만의 스타일을 만들어 낼 수 있게 되었다. 아름다움은 분위기에서 나온다. 자기 지역 화장품 가게에서 간단한 구입을 통해, 그저 색을 입히는 것만으로도 평범한 여성을 천진한 소녀에서 매혹적인 여왕으로까지 변화시킬 수 있다. 전 시대를 걸쳐, 아름다움에 대한 정의는 극적으로 변화해왔고, 현재 아름다움은 표준적인 모습보다는 개개인의 특별함과 관련되어 있다. 당신의 최상의 모습을 찾는 것이 바로 당신이 매일 해야 하는 일이다. 우아함이라는 것은 당신이 가진 것이 아닌 당신의 태도에 달려 있는 것이고, 당신은 자기 스스로에 부합한 사람이 되면 되는 것이다. 스스로를 알려고 힘쓰고, 당신의 라이프스타일에 패션을 잘 맞추어라. 또한 당신의 최고 장점을 찾아 기뻐해라. 호기심을 가지고, 삶을 사랑하고, 매일 새로운 것을 찾아라. 이것이 바로 궁극적인 행복과 진정한 아름다움의 열쇠이다.

원료 용어해설 glossary of common ingredients

Alkanet 알카넷　우설초의 뿌리에서 추출한 홍색 염료이다. 입술 연고, 루즈, 향수의 착색에 사용된다.

Almond Nut 아몬드 너트　오일을 사용한다. 오일을 추출하여 꽃의 향기를 얻기 위해 꽃과 혼합된다. 목욕물에 첨가하여 넣거나, 피부 연화제로 사용한다.

Aloe 알로에　피부 진정제로 잘 알려진 아프리카 원산의 다육식물(즙이 많은 식물). 영국에서 중세 시대 동안에는 건조 수액이나 분말, 검은 알로에로 사용하였다.

Alum 백반　건조제, 초기 머리 염료의 재료인 매염제의 고체 결정체로 알려져 있다. 면도 상처로 인한 출혈을 멈추게 하는 스틱 형태로도 사용되었다.

Ambergris 용연향　향유고래에서 나는 천연 원료, 향수 제조에 정착액으로 사용된다. 이 제품의 비용과 환경적 제약으로 인해, 인조 향료가 현대 향수에 사용된다.

Annatto 아나토색소　열대나무의 씨앗에서 추출한 적황색의 염료이다. 화장품의 착색제로 사용되고, 이 나무는 립스틱 나무라고도 한다.

Antimony 안티몬　선사 시대부터 콜의 화장원료로 사용되어 온 진회색 금속광물이다. 눈꺼풀과 눈썹을 진하게 만드는 화장품으로 사용되었다.

Arabic Gum 아라비아 고무　화장품에 사용되는 고무수지

Arrowroot 칡　이 식물에서 추출한 백색분말은 바디용 파우더의 베이스로 사용된다. 요리할 때 액체를 걸쭉하게 만드는 데에도 쓰인다.

Balm 향유　영국의 레몬 향의 다년생 식물로 역사적으로 향수제조에 사용되었다.

Balsam 봉선화　나뭇진을 생산하는 작은 나무

Bay 베이　초기 목욕 원료로 수지 향을 내기 위해 쓰인 작은 상록 관목.

Bear's Grease 곰의 지방 1600년대부터 루즈와 초기 크림을 만들기 위해 사용된 곰의 지방에서 정제한 원료. 빅토리아 시대에 남성의 헤어 포마드로 인기가 높았다.

Beeswax 밀랍 꿀벌에게서 생산된 천연 왁스, 화장품의 유화제로 사용된다.

Behen Oil 베헨 오일 모링가(Moringa) 혹은 서양고추냉이 나무의 너트에서 만들어진 오일. 오랜 시간동안 신선함을 유지할 수 있기 때문에 이집트인들의 향료로 사용되었다.

Borax 붕사 기름을 용해하고 물을 부드럽게 만드는 가정용 세제. 보존제와 지방을 비누로 바꿔주는 감화제로 크림에 사용된다.

Carmine 카민 건조된 암컷의 코치닐 곤충에서 얻은 적색 안료. 화장품이나 아티스트의 물감의 색소로 사용된다.

Castor Oil 캐스터오일(피마자오일) 립스틱이나 브습제에 사용되는 피마자 콩에서 나오는 오일

Cassia 계수나무 계피의 미묘한 맛이 나는 껍질. 수 천 년 동안 향수에 사용되어 왔다. 유대인의 성유의 기름으로 성경에 언급되었다.

Ceruse 연백 납판 위에 식초를 떨어뜨렸을 때 일어나는 화학적 반응에서 발생되는 백색 안료. 백색 가루를 긁어모아 분의 원료로 쓰기도 했다. 납의 독성물질이 그 시대 많은 여성들을 죽게 만들었고, 안색을 망치는 요인이 되었다.

Cinnabar 진사 화장품의 안료로 쓰인 용의 피라고 알려진 송진.

Civet 사향 다른 향에 깊이와 따뜻함을 더하는데 사용되는 사향 고양이의 생식기관 부분에서 나오는 추출물.

Coriander 고수 15, 16, 17세기에 걸쳐 사용된 향료. 로마인들에 의해 영국에 처음 도입된 오렌지와 같은 향기의 씨앗이다.

Crocus/Saffron 크로커스/샤프란 향료 및 염료로 사용하기 위해 가을에 추수되는 크로커스의 긴 적색의 암술머리. 로마인들에 의해 머리 염료, 아이 섀도, 직물 염료로 사용되었다. 강한 황금색의 색조를 만들어낸다.

Cuttlefish 갑오징어 뼈를 갈아서 가루치약의 첨가제로 사용되는 세피아 종의 오징어 같은 두족류 동물. 로마인들에 의해 사향 냄새가 나는 향수에 사용된 것으로 믿었다.

Cyperus 향부자 초기 향수에 사용된 파피루스 종류의 제비꽃 향 식물.

Face Pack 페이스 팩 피부를 개선시키기 위해 오랜 시간 동안 착용하는 두꺼운 반죽. 기원은 로마 시대로 거슬러 올라갈 수 있다.

Frankincense 유향 훈증제와 향수의 향료로 사용되는 수지. 수지가 탈 때 만들어지는 유연은 아이라이너로 사용되었다. 대부분의 유향은 소말리아와 아라비아에서 생산되었고, 이집트인들이 젊은 피부를 유지하기 위해 이 오일을 화장품 원료로 사용했다.

Franch Chalk 활석 분필 규산마그네슘을 곱게 간 분말을 얼굴용 파우더로 사용.

Fucus 푸쿠스 알칼리와 함께 발효시킨 이끼류의 염료. 햇빛에선 없어지는 보라색/적색의 색을 만들어낸다. 그리스인과 로마인들이 저렴한 루즈로 사용했다.

Gillyflower 패랭이꽃 꽃봉오리를 말린 꽃 향이 나는 향료로, 와인과 향수에 스며들도록 해 사용했다. 튜더 향수에 많이 사용된다.

Hair Power 헤어 분말 사이프러스의 사향액 및 일반 사향 냄새를 내는 동물 뼈, 전분, 밀가루로 만든 파우더. 18세기 흰 가발의 모양을 내기 위한 포마드로 사용되었다.

Henna 헤나 이 식물의 꽃과 잎에서 적-오렌지색의 염료를 추출해 사용한다. 직물을 염색하거나 화장품의 염료로 사용되었다. 이 식물의 꽃은 클레오파트라가 좋아하는 향수인"Camphire"를 만드는 데 사용되었다. 중세 시대부터 머리 염색약으로 사용되었다. 이집트에서는 피부에 착색시키기 위해 사용했다.

Kaolin 카올린 얼굴 팩과 파우더로 사용된 중국 백색 점토.

Kohl 콜 수지의 연소에 의해 만들어진 검은 분말. 안티몬 황화물 혹은 유연과 같은 분말. 이집트와 아라비아의 여성들의 눈썹과 눈꺼풀을 검게 만드는 화장품으로 사용되었다.

Lampblack 유연 수지 혹은 다른 물질을 연소시켜 얻은 거의 순수한 탄소. 눈 화장이나 잉크로 쓰일 검은 색소를 만들어 낸다.

Lanolin 라놀린 피부 보습제로 화장품에 사용되는 양의 양모에서 추출한 기름.

Lye 가성 소다 나무의 재를 통해 빗물을 걸러 비누 만들 때 사용되는 칼륨염의 강한 가성 알칼리 용액.

Mineral Oil 미네랄 오일 화장품에 쓰이는 부산물 기름.

Musk 사향 수컷 어른 사향노루의 사향 분비선에서 생성되는 물질. 향을 첨가하고 향 정착을 위해 사용된다. 대부분의 나라들이 멸종 위기에 처한 천연 사향을 거래하는 것을 반대하기 때문에 오늘날엔 인조 사향을 쓴다.

Olive Oil 올리브 오일 올리브 열매에서 추출된 오일로 요리와 비누에 사용된다. 중세와 튜더 기간 동안, 피부 보습 연고로 사용되었다.

Orris Root 독일 붓꽃 붓꽃 향의 파우더를 만드는데 사용되는 식물뿌리. 또한 초기 치약 원료로 사용되기도 했다.

Paraffin 파라핀 석유에서 나오는 밀랍 성분. 크림을 걸쭉하게 만드는데 사용된다.

Pomander 포맨더 안 좋은 냄새를 없애기 위해 향 나는 왁스로 향을 낸 나무 공 혹은 다른 둥근 물체(향료 알). 옷장에 보관하거나 거들에 지니고 다녔다.

Quicklime 생석회 석회석에 열을 가했을 때 얻어지는 산화칼슘. 백색 가성 알칼리 물질은 석고, 시멘트 및 표백제에 사용되었다.

Rose 장미 일찍이 400년 전부터 재배되었다. 인간이 경작한 가장 오래된 식물 중의 하나이다. 향수, 연고, 장미 향수에 사용했다.

Rouge 루즈 일반적으로 황토, 알카넷, 코치닐, 또는 브라질 나무로 만드는 입술과 볼을 위한 적색 파우더 혹은 크림. 가루나 연고 형태로 사용되었고, 천이나 양모 패드에 강한 염료로 사용되기도 했다. 루즈는 역사상 가장 보편적인 화장품으로 여겨져 왔다.

Spanish Leather 스페인 가죽 튜더 시대 이전부터 유럽 전역에 걸쳐 거래되던 염색한 가죽 또는 향이 짙은 정사각형의 가죽. 빨간 염색 가죽이 적셔져 루즈로 사용되었다.

Tansy 탠시 1500년대와 1600년대 동안 세안제와 토너를 만드는데 사용된 쓴 약초.

Unguent 고약 지방 함량이 높은 연고로 냄새가 나고, 액체 또는 고체상태로 사용된다.

Vermillion 버밀리언 루즈로 사용되는 불수용성 안료. 매우 위험한 안료인 것으로 밝혀졌음에도 그리스, 로마, 중국에서 사용되었다. 또한 적색 황화수은으로 알려져 있기도 하며 일반적으로 미술가의 안료로 사용된다.

참고문헌 Bibliography

Angeloglou, Maggie. A History of Make-Up, London: The Macmillan Company, 1970.

Antoine Dariaux, Genevieve. A Guide to Elegance: For Every Woman Who Wants to be Well and Properly Dressed on All occasions. United Kingdom: HarperCollins Publishers UK, 2003.

Batchelor, Bob. The 200s: American Pop Culture Through History. Westport, CT: Greenwood Press, 2009.

Bjork. Angela and Daniela Turudich. Vintage Face: Period Looks from the 20s, 30s, 40s, & 50s. California: Streamline Press, 2001.

Chahine, Nathalie, et al. Beauty: The Twentieth Century. New York: Universe Publishing, 2000.

Cohen Ragas, Meg and Karen Kozlowski. Read May Lips: A Cultural History of Lipstick. San Francisco: Chronicle Books, 1998.

Durkee, Cutler, ed. People: Celebrate the '70s! Stars, Fads and Fashions from an Amazing Dacade. New York: People Books, Time Inc., 2009.

Eco, Umberto, ed. History of Beauty. New York: Rizzoli International Publications, Inc., 2004.

Feinstein, Stephen. The 1980s: From Ronald Reagan to MTV. Berkeley Heights, NJ: Enslow Publishers, Inc., 2006

Gavenas, Mary Lisa. Color Stories: Behind the Scenes of America's Billion-Dollar Beauty Industry. New York: Simon & Schuster, 2002.

Gunn, Fenja. The Artificial Face: A History of Cosmetics. New York: Hippocrene Books, 1983.

Mulvey, Kate and Melissa Richards. Decades of Beauty: The Changing Image of Women 1890s to 1990s. New York: Octopus Publishing Group LTD,. 1998.

Pallingston, Jessica. Lipstick: A Celebration of the World's Favorite Cosmetic. New York: St. Martin's Press, 1999.

Peiss, Kathy. Hope in a Jar: The Making of America's Beauty Culture. New York: Henry Holt and Company Inc,. 1999.

Phillips, M. C. Skin Deep: The Truth About Beauty Aids. New York: The Vanguard Press, 1934.

Pointer, Sally. The Artifice of Beauty: a History and Practical Guide to Perfumes and Cosmetics. United Kingdom: Sutton Publishing, 2005.

Riordan, Teresa. Inventing Beauty: A history of the Innovations That Have Made Us Beautiful. New York: Broadway Books, 2004.

Rustenholz, Alain. Make Up. London: Hachette Illustrated UK, 2003.

Stewart, Gail B. The 1970s: A Cultural History of the United States Through the Decades. San Diego, CA: Lucent Books, Inc,. 1999.

Swinfield, Rosemarie. Period Make-up for the State. Cincinnati: Betterway Books, 1997.

Time-Life Books. The Digital Decade: The 90s. New York: Bishop Books, 2000.

Vail, Gilbert Miller. A History of Cosmetics in America. New York: The Toilet Goods Association, Inc., 1947.

Verrill, A. Hyatt. Perfumes and Spices. Massachusetts: L. C. Page & Company. 1940.

Copyright and Trademark Acknowledgments
저작권과 및 상표권 인정 표기

모든 저작권 및 상표권 소유자의 인정과 신용을 만들기 얻기 위해 노력을 기울였다. 출판사와 작가는 부주의하여 생긴 어떠한 누락이라도 사과를 전하고 싶다. 이 후의 버전에서는 누락된 사항들을 올바로 고치도록 할 것이다.

다음은 저작권, 등록 상표 및 해당 소유자의 목록이다. 이 이름의 사용은 식별을 목적으로만 사용된다. 모든 권리는 해당 소유자의 자산이다.

: Academy Award(Academy of Motion Picture Arts and Sciences), Albolene(Menley & James Laboratories, Inc.), Almay(Revlon, Inc.) Amezon.com(Amazzon.com, Inc.), Avon (Avon Products, Inc.), Bare Escentuals(Bare Escentuals Beauty. Inc.), Ben Nye(Ben Nye Company Inc.), Bonne Bell(The Bonne Bell Company), Botox(Allergan,Inc.), Bourjois(Bourjois Paris Company), Calvin Klein(Phillips-Van Hensen Corporation), CHANEL(Chanel Inc.), Clinique(Clinique Laboratories LLC), Colgate(Colgate-Palmolive Company), Coty(Coty Inc.), CoverGirl(Procter & Gamble), Cutex(Prestige Brands Holdings Inc.), Dove(Unilever United States, Inc.), Duco(ITW Devcon), Elizabeth Arden(FD Management Inc.), Elnett(L' Oreal Group), Evian(Danone Waters of America, Inc.), Gillette(Procter & Gamble), Great Lash Mascara, Maybelline(L' Oreal USA Inc.), Guerlain(LVMH), Harriet Hubbard Ayer(Ayer Cosmetics), Hazel Bishop, Helena Rubinstein(L' Oreal Group), House of Worth(House of Worth Ltd.), Laura Mercier (Laura Mercier Inc.), L' Oreal(L' Oreal Group), Lancome(L' Oreal Group), Lipfinity, Max Factor(Procter & Gamble), LYCRA(INVISTA), M.A.C(Make-up Art Cosmetics), Mary Kay(Mary Kay Inc.), Mary Quant(Mary Quant Cosmetics Japan Ltd.), Max Factor(Procter & Gamble), Maybelline(L' Oreal USA Inc.), Neutrogena(Neutrogena Corporation), Noxzema(Alerto-Culer USA Inc.), Olay(Procter & Gamble), Palmer' s(E.T. Browned Drug Co., Inc.), Pears Soap(Rise International Group), Phillips' (Bayer HealthCare LLC), Physicians Formula(Physicians Formula), Pond' s(Unilever United States, Inc.), PowerBar(Societe des Produits Nestle S.A.), Prescriptives (Prescriptives Inc.), Revlon(Revlon Consumer Products Corporation), Rimmel(Coty Inc.), Sally Hansen (Coy US LLC), Sephora(Sephora USA, Inc.), Shalimar (LVMH), Shiseido(Shiseido Co,. Ltd.), Sun In(Chattem, Inc.) Tangee(Fairbanks Group, LLC), Vaseline(Unilever PLC/Unilever NV), Victoria' s Secret(Limited Brands), Wonderbra(Hanesbrands Inc.), and Yardley(Lornamead, Inc).

Classic Beauty